办公软件高级应用

—— WPS Office

◎ 主　编　王爱红　汤智华
◎ 副主编　龚　波　刘丽萍

西安电子科技大学出版社

内容简介

本书以WPS Office 教育考试专用版软件为工具，通过对相关职业岗位的办公软件高级应用需求的深入调研与分析，结合全国计算机二级WPS Office考试要求，在融入思政元素的基础上，确定了14个典型任务，对如何利用WPS软件高效创建电子文档，如何通过WPS软件高效处理电子表格，如何使用WPS软件轻松制作演示文稿进行了较全面的介绍。

本书的每个任务均由任务简介、任务目标、任务实现、相关知识、操作技巧、拓展训练六个部分组成。其中，任务简介介绍了任务的具体要求；任务目标设定了学习目标和思政目标；任务实现展示了实现目标的具体方法；相关知识阐述了WPS Office的相关理论；操作技巧给出了WPS Office的相关操作技巧；拓展训练强化了关键技能的练习和拓展运用。

本书可作为高职院校办公软件高级应用、计算机公共基础课程的教材，也可作为计算机培训班的学习参考书，对于想要快速适应办公室文员岗位工作的职员及计算机爱好者亦适用。

图书在版编目(CIP)数据

办公软件高级应用：WPS Office / 王爱红，汤智华主编. —西安：西安电子科技大学出版社，2022.8(2024.8重印)

ISBN 978-7-5606-6528-3

Ⅰ. ① 办… Ⅱ. ① 王… ② 汤… Ⅲ. ① 办公自动化—应用软件 Ⅳ. ① TP317.1

中国版本图书馆CIP数据核字(2022)第126152号

策　　划　高　樱　黄薇谚
责任编辑　高　樱
出版发行　西安电子科技大学出版社(西安市太白南路 2 号)
电　　话　(029)88202421　88201467　　　邮　　编　710071
网　　址　www.xduph.com　　　　电子邮箱　xdupfxb001@163.com
经　　销　新华书店
印刷单位　陕西日报印务有限公司
版　　次　2022 年 8 月第 1 版　　2024 年 8 月第 6 次印刷
开　　本　787 毫米 × 1092 毫米 1/16　　　印　张　17
字　　数　337 千字
定　　价　59.00 元

ISBN 978-7-5606-6528-3

XDUP 6830001-6

如有印装问题可调换

前　言

　　WPS Office 是目前应用最为广泛的，完全由中国人自主研发的，功能强大的国产办公软件。除了广泛的个人用户，众多企业用户也已将 WPS Office 作为其日常的办公软件。

　　随着各行各业办公自动化程度的提高，在工作中熟练使用办公软件已成为办公人员的必备技能之一。近年来，许多高职院校也将"办公软件高级应用"课程纳入计算机基础教育课程体系，将其作为校级公共选修课程。该课程的教学目的是通过教与学，使学生了解办公软件的原理和使用方法，掌握办公软件的高级应用，并能综合运用办公软件分析和解决实际问题，从而培养学生应用办公软件处理办公事务，进行信息采集处理等实际操作的能力，以便日后能更好地胜任工作。

　　本书从不同基础的学生对办公软件高级应用的需求出发，以 WPS Office 教育考试专用软件为工具，通过对相关职业岗位的办公软件高级应用需求的深入调研与分析，结合全国计算机二级 WPS Office 考试要求，在融入思政元素的基础上，确定了 14 个典型工作任务。为了符合学生的认知规律，强化学生规范化、职业化的操作训练，本书采用任务驱动、问题导向、线上与线下相结合的教学模式，将 WPS Office 的理论知识和关键技术融入各个任务中。

　　全书共包括以下四个部分：

　　项目一是 WPS 文字文档高级应用。本项目通过"文档编辑与设置 —— 技能大赛获奖文件""图表创建与编辑 —— 学习情况记录表""图文混排 —— 数博会宣传册""邮件合并 —— 听党话、感党恩、跟党走文艺晚会邀请函""长文档编辑 —— 办公软件高级应用课程标准""流程图制作 —— 工作任务流程图"等 6 个典型任务，全面介绍了 WPS 文字文档从初级到高级的相关应用，并有机融入了工匠精神、创新精神、合作意识、爱国情怀等思政元素。

项目二是 WPS 电子表格高级应用。本项目通过"电子表格基本操作 —— 技能大赛培训情况汇总表""公式与函数应用 —— 学生成绩汇总表""图表操作 ——2020 年农林牧渔业总产值及其增长速度图表""数据统计与分析 —— 学校招聘人员成绩汇总表"等 4 个典型任务，全面介绍了 WPS 电子表格从初级到高级的相关应用，并有机融入了诚实守信、吃苦耐劳、工匠精神、创新意识等思政元素。

项目三是 WPS 演示文稿高级应用。本项目通过"演示文稿基本操作 —— 古诗欣赏""演示文稿中插入图片和视频 —— 中国阳明文化园""演示文稿中插入图表和动画 —— 项目汇报（鱼 + 智慧水族）""演示文稿中编辑母版 —— 高校技能大赛介绍"等 4 个典型任务，全面介绍了 WPS 演示文稿从初级到高级的相关应用，并有机融入了文化自信、民族自信、审美能力、诚实守信、合作意识、工匠精神等思政元素。

WPS 综合应用包含了 WPS 文字文档、WPS 电子表格、WPS 演示文稿的实操练习，共有九个练习。这九个练习均来自最新版全国计算机等级考试 —— WPS Oﬀce 高级应用与设计证书考试真题题库。实操练习不仅能充分发挥学生的学习主动性，还有助于提高学生的学习效率和等级考试通过率。

本书具有以下几个特点：

(1) 本书采用任务驱动的编写模式，在深入调研分析相关行业对办公软件高级应用需求的基础上确定了 14 个典型任务。这些典型任务都来源于企业、机关、学校等单位进行的经济管理、文件解读、教学培训、宣传推广、会议组织、创业招聘等活动，具有较强的代表性。本书以这些典型任务为主线，让学生在完成这些典型任务的过程中学到知识，逐步掌握方法，熟悉规范，积累经验，养成习惯，提升能力。这不仅突出了学生的主体地位，也便于学生进行自主探索和互动协作学习，从而使学生主动建构探究、实践、思考、运用、解决等智慧的学习体系。

（2）本书在确定典型任务时充分挖掘与融入爱国主义、文化自信、民族自信、审美能力、诚实守信、合作意识、工匠精神、吃苦耐劳等思政元素，通过深度挖掘课程中的思想政治教育内涵，将课程内容的教育性、知识性、技能性相互交融，将学生的专业技能培养与社会担当意识培养有机结合，强化学生树立正确的人生观、价值观、职业观。

（3）本书编写思路突破传统，每个任务均由任务简介、任务目标、任务实现、相关知识、操作技巧、拓展训练几个部分组成，对 WPS 文字文档、WPS 电子表格、WPS 演示文稿的主要内容进行了较全面的介绍，有助于提升学生应用办公软件处理日常事务的能力。

（4）本书兼顾了最新版全国计算机等级考试二级 ——WPS Office 高级应用与设计证书考试的相关要求，对学生参加计算机等级考试有一定的帮助。

（5）本书语言简洁明快，讲解通俗易懂。书中的知识点清晰明了，操作步骤讲解详尽，适合教师开展线上与线下混合式教学，也适合学生进行自主学习。

（6）本书提供了所有任务的相关素材资源，需要者可登录出版社网站，（http://www.xduph.com）免费下载。

本书由王爱红、汤智华、龚波、刘丽萍编著，彭鸿、王越、刘浪沙参加了部分任务的编写工作。

由于编者水平有限，书中难免存在疏漏之处，敬请各位专家和读者批评指正。

编　者

2022 年 5 月

目 录

项目一　WPS文字文档高级应用

项目二 WPS电子表格高级应用

项目三 WPS演示文稿高级应用

WPS 综合应用

P
W S

项 目 一

WPS文字文档高级应用

任务1　文档编辑与设置——技能大赛获奖文件

1.1　任务简介

本任务要求充分利用 WPS 提供的相关技术，完成技能大赛获奖文件的制作。技能大赛获奖文件效果图如图 1-1 所示。

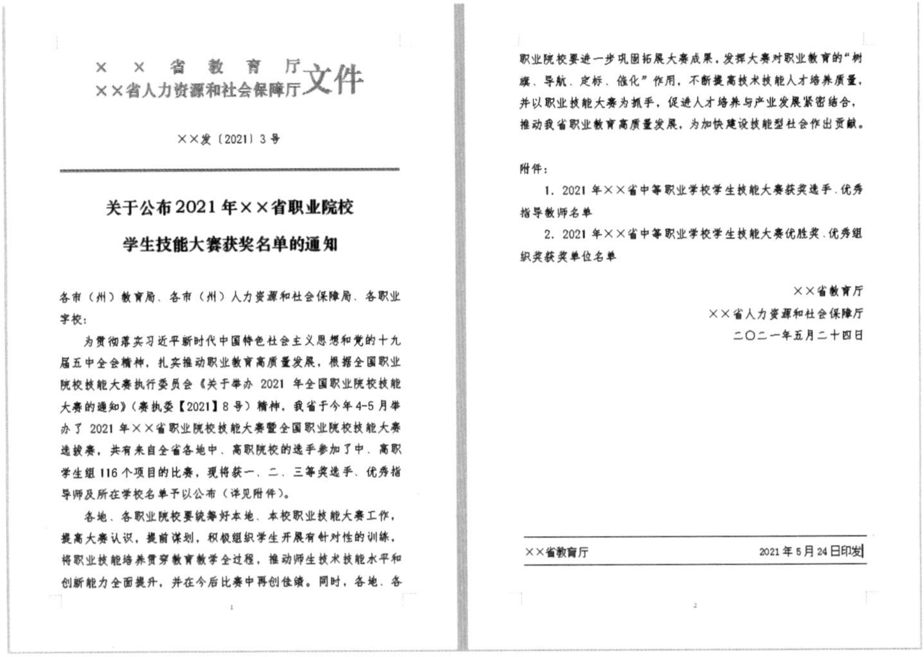

▲　图1-1　技能大赛获奖文件效果图

1.2　任务目标

本任务涉及的知识点主要有：文档的页面设置，文本的录入与格式化，段落格式的设置，项目符号和编号的使用，水平直线的绘制，页码的设置以及文档的保存。

学习目标：

- 掌握 WPS 文档的创建与保存方法。
- 掌握 WPS 文档的页面设置方法。
- 掌握文本和段落的基本编辑方法。
- 掌握项目符号和编号的使用方法。
- 掌握水平直线的绘制方法。
- 掌握页码的设置方法。
- 掌握文档的保存方法。

思政目标：

- 培养学生自主探究的能力。
- 培养学生勇于创新、努力拼搏的精神。
- 培养学生严谨细致的职业品质。
- 培养学生的团队合作意识与沟通能力。

1.3　任务实现

　　本任务完成的技能大赛获奖文件属联合公文。联合公文是指同级机关、部门或单位联合行文的公文。发布联合公文时要注意：① 行文的各机关部门必须是同级的；② 当几个平行机关或部门联合行文时，应将相对应的各机关都列为主送机关；③ 联合行文应当确有必要，且单位不宜过多。

　　公文一般由发文机关、秘密等级、紧急程度、发文字号、签发人、标题、主送机关、正文、附件、印章、成文时间、附注、主题词、抄送机关、印发机关和时间等部分组成。但不是每一份公文都要全部包含这些内容。

1.3.1　新建WPS文档

　　新建 WPS 文档的步骤如下。

　　(1) 执行"开始"→"所有程序"→"WPS Office"→"WPS Office 教育考试专用版"命令，启动 WPS。

　　(2) 在界面左侧选择"新建"命令，进入"新建"界面，如图 1-2 所示。选

新建WPS文档

择上方的"文字",并在"推荐模板"中选择"新建空白文档",新建空白文档"文字文稿 1.docx"。

▲ 图1-2 "新建"界面

1.3.2 设置页面

设置页面

由于公文格式的特殊性,对纸型、页边距等均有明确的规定,因此对页面设置也有一定的要求。公文的页面设置要求为:纸张采用 A4 纸;纸张方向为纵向;上、下页边距为 2.54 厘米,左、右页边距为 2.5 厘米。

公文的页面设置的具体操作步骤如下。

(1) 在新建的空白文档中选择"页面布局"选项卡,然后单击"页面设置"功能区右下角的按钮,打开"页面设置"对话框。

(2) 单击"纸张"选项卡,从"纸张大小"的下拉列表中选择"A4"。

(3) 单击"页边距"选项卡,将"纸张方向"设置为"纵向",将"页边距"按要求进行设置,即上、下页边距设置为"2.54 厘米",左、右页边距设置为"2.5 厘米",如图 1-3 所示。

(4) 单击"确定"按钮,完成页面设置。

▲ 图1-3　"页面设置"对话框

1.3.3　录入文字

在文档窗口编辑区中不断闪烁的小竖线是光标，它所在的位置称为插入点，输入的文字会出现在插入点前。

页面设置完成后，即可进行文字录入，具体操作步骤如下。

(1) 将光标插入点定位于文档左上角。

(2) 启动中文输入法。

(3) 输入"××省教育厅××省人力资源和社会保障厅文件"字样，按 <Enter> 键结束当前段落的输入。

(4) 用相同的方法输入公文正文内容，如图 1-4 所示。

录入文字

××省教育厅××省人力资源和社会保障厅文件
××发〔2021〕3 号
关于公布 2021 年××省职业院校学生技能大赛获奖名单的通知
各市（州）教育局、各市（州）人力资源和社会保障局、各职业学校：
为贯彻落实习近平新时代中国特色社会主义思想和党的十九届五中全会精神，扎实推动职业教育高质量发展，根据全国职业院校技能大赛执行委员会《关于举办 2021 年全国职业院校技能大赛的通知》（赛执委【2021】8 号）精神，我省于今年 4 到 5 月举办了 2021 年××省职业院校技能大赛暨全国职业院校技能大赛选拔赛，共有来自全省各地中、高职院校的选手参加了中、高职学生组 116 个项目的比赛，现将获一、二、三等奖选手、优秀指导教师及所在学校名单予以公布（详见附件）。
各地、各职业院校要统筹做好本地、本校职业技能大赛工作，提高认识，提前谋划，积极组织学生开展有针对性的训练，将职业技能培养贯穿教育教学全过程，推动师生技术技能水平和创新能力全面提升，并在今后比赛中再创佳绩。同时，各地、各职业院校要进一步巩固拓展大赛成果，发挥大赛对职业教育的"树旗、导航、定标、催化"作用，不断提高技术技能人才培养质量，并以职业技能大赛为抓手，促进人才培养与产业发展紧密结合，推动我省职业教育高质量发展，为加快建设技能型社会作出贡献。
附件：
2021 年××省中等职业学校学生技能大赛获奖选手、优秀指导教师名单
2021 年××省中等职业学校学生技能大赛优胜奖、优秀组织奖获奖单位名单
××省教育厅
××省人力资源和社会保障厅

▲ 图1-4　公文内容

(5) 将光标定位于正文尾部"××省人力资源和社会保障厅"字样后，选择"插入"选项卡，单击"日期和时间"按钮，打开"日期和时间"对话框，如图1-5所示。在"可用格式"列表中选择所需的日期格式，单击"确定"按钮，即可在文档中插入当前的日期和时间，也可对插入的日期和时间进行修改。

(6) 继续输入公文的其余内容，完成文字录入。

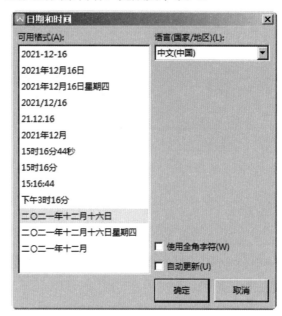

▲ 图1-5 "日期和时间"对话框

1.3.4 设置文本格式

文本格式设置是指对文本中各种字符的字体、字号、字形和颜色等的设置，也称为对文本字符的格式化。在 WPS 中，如果要对文本进行操作，就必须先选中要设置的文本，即"先选中，后操作"。设置文本格式的操作步骤如下。

(1) 选中"××省教育厅 ××省人力资源和社会保障厅文件"字样。

(2) 选择"开始"选项卡，在"字体"功能区中，设置字体为"华文中宋"（字体文件请自行下载，下载后放置在"c:\WINDOWS\Fonts"文件夹下），字号为"初号"，加粗，字体颜色为"红色"，如图 1-6 所示。

(3) 选中"关于公布 2021 年 ××省职业院校学生技能大赛获奖名单的通知"字样，在"字体"功能区中，设置字体为"华文中宋"，字号为"二号"，加粗。

(4) 选中从"各市 (州) 教育局、各市 (州) 人力资源和社会保障局、各职业学校："到正文文档结尾"二〇二一年五月二十四日"的文字内容，在"字体"

功能区中，设置字体为"仿宋"，字号为"三号"。

▲ 图1-6　字符设置

(5) 用同样的方法将文档末尾的"××省教育厅"(发文单位)、"2021 年 5 月 24 日印发"(发文日期)均设置为"宋体、四号"。

(6) 利用格式刷工具，将"××发〔2021〕3 号"的文字格式刷成和公文正文一样的格式。

格式刷的操作方法是：将光标插入点置于公文正文中，选择"开始"选项卡，单击"剪贴板"功能区中的"格式刷"按钮 🖌，之后用变成小刷子的光标去选中"××发〔2021〕3 号"字样，松开鼠标后，即完成格式的刷定。

1.3.5　设置段落格式

段落指的是以按 <Enter> 键作为结束的一段文本内容。在 WPS 中，以段落为排版的基本单位，每个段落都可以有自己的格式设置。

在文档录入过程中，如果按 <Enter> 键，那么表示换行并且开始一个新的段落，这时新段落的格式会自动设置为上一段落中的字符和段落格式；如果按 <Shift+Enter> 快捷键，则表示文字将换行但不换段；如果按 <Ctrl+Enter> 快捷键，则表示文字将换行、换段，并开始新的一页。

如果删除了段落标记，则标记后面的一段将与前一段合并，并采用该段的间距。

格式化段落主要使用"段落"功能区和"段落"对话框。在对段落进行格式化之前，必须先选中该段落。

根据图 1-1 设置段落格式，操作步骤如下。

(1) 选中"××省教育厅 ××省人力资源和社会保障厅文件"段落，选择"开始"选项卡，单击"段落"功能区右下角的按钮，弹出"段落"对话框。在"间距"组中设置"段后"为"6 磅"，"行距"为"单倍行距"；在"常规"组中设置"对齐方式"为"居中对齐"。段落设置如图 1-7 所示。

设置段落格式

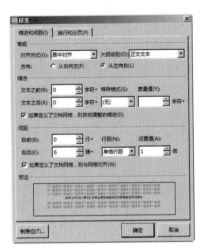

▲ 图1-7　段落设置

(2) 将光标置于发文号"××发〔2021〕3号"行首之外，当光标方向变为指向右上角时，单击鼠标左键选中此段落，打开"段落"对话框，在"常规"组中设置"对齐方式"为"居中对齐"，"行距"为"单倍行距"。

(3) 将光标置于"关于公布2021年××省职业院校学生技能大赛获奖名单的通知"行首之外，当光标方向变为指向右上角时，单击鼠标左键选中此段落，打开"段落"对话框，设置"对齐方式"为"居中对齐"，"段前""段后"间距均为"0行"，"行距"为"单倍行距"。将光标置于"关于公布2021年××省职业院校"后，按 <Shift+Enter> 快捷键，文字会换行但不换段。

(4) 选中从"为贯彻落实习近平新时代中国特色社会主义思想和党的十九届五中全会精神，"至"为加快建设技能型社会作出贡献。"的文字内容，打开"段落"对话框，在"常规"组中设置"对齐方式"为"两端对齐"，"特殊格式"为"首行缩进"，"度量值"为"2字符"，"行距"为"固定值"，"设置值"为"28磅"。

(5) 将光标置于"各市(州)教育局、各市(州)人力资源和社会保障局、各职业学校："前，按住 <Ctrl + Shift> 键，单击鼠标左键选中此段落，打开"段落"对话框，设置"行距"为"固定值"，"设置值"为"28磅"。

(6) 将光标置于"附件："前，按住 <Ctrl + Shift> 键，单击鼠标左键选中"附件："及其后面的两个段落，打开"段落"对话框，设置"行距"为"固定值"，"设置值"为"28磅"。再利用格式刷工具，将后面的两个段落的格式刷成和公文正文一样的格式。

(7) 将光标置于"××省教育厅"前，用同样的方法设置落款单位、日期的"对齐方式"为"右对齐"，"行距"为"固定值"，"设置值"为"28磅"。

(8) 将光标置于文档末尾的"××省教育厅"前，用同样的方法设置"××

省教育厅"(发文单位)、"2021 年 5 月 24 日印发"(发文日期)的"行距"为"最小值","设置值"为"12 磅"。

1.3.6　使用项目符号和编号

使用项目符号和编号可以使文档的层次结构更清晰、更有条理。给文本添加项目符号和编号可以通过"开始"选项卡"段落"功能区中的"项目符号"和"编号"按钮实现,操作步骤如下。

(1) 选取要添加编号的文本"2021 年 ×× 省中等职业学校学生技能大赛获奖选手、优秀指导教师名单""2021 年 ×× 省中等职业学校学生技能大赛优胜奖、优秀组织奖获奖单位名单"(提示:可以按住 <Ctrl> 键配合鼠标进行选择)。

(2) 单击"段落"功能区中的"编号"按钮,在下拉列表的"编号"中选择第二行第四个编号样式,如图 1-8 所示。至此完成了对公文中需要编号的文本内容的编号。

▲　图1-8　编号设置

需要注意的是,使用了编号以后,在删除某一行或插入一行后,数字或字母编号会自动调整。

1.3.7　制作文件头

文件头由发文机关名称和"文件"二字组成。对于联合发文,一般应该将两个机关名称合并在一行内显示,置于"文件"二字前面。要实现这样的效果,需要使用 WPS 中的"双行合一"功能,具体操作步骤如下。

(1) 选中"×× 省教育厅 ×× 省人力资源和社会保障厅"字样。

(2) 选择"开始"选项卡,在"段落"功能区中单击"中文版式"按钮,在下拉列表中选择"双行合一",如图 1-9 所示。

▲ 图1-9 选择"双行合一"

(3) 在弹出的"双行合一"对话框中可以看到"文字"列表框中要进行双行合一的文字和预览效果,如图 1-10 所示。在操作过程中,如果对预览效果不满意,可通过添加空格的方式对文字进行调整,直至达到满意效果。

▲ 图1-10 "双行合一"效果

(4) 单击"确定"按钮,完成"双行合一"的设置。

如果发文机关超过两个,则可以用插入表格的方法来实现机关名称的合并显示。

1.3.8 绘制水平直线

绘制水平直线

在发文号和发文标题之间有一条水平直线,要求线条颜色为红色,粗细为 3 磅,具体操作步骤如下。

(1) 选择"插入"选项卡,单击"形状"按钮,在下拉列表的"线条"组中选择"直线",如图 1-11 所示。

▲ 图1-11 选择"直线"

(2) 当光标变成十字指针时,在发文号与发文标题之间的合适位置,按住鼠标左键的同时按住 <Shift> 键,水平拖动鼠标即可绘制出一条水平直线。

(3) 选中刚刚绘制的直线,在"绘图工具"选项卡中单击"设置形状格式"功能区右下角的按钮,弹出"设置对象格式"对话框。在"颜色与线条"选项卡的"线条"组中，设置"颜色 (O)"为"红色"，"虚实 (D)"为"实线"，"粗细 (W)"为"3 磅"，如图 1-12 所示。

▲ 图1-12　设置线条的"颜色"和"线型"

(4) 单击"确定"按钮，完成设置。

(5) 用相同的方法，在文档最后的发文单位、发文日期的上面和下面分别加上一条粗细为 0.75 磅的黑色水平单实线。

1.3.9　设置页码

在公文中插入页码，要求页码位于页面底端、居中，页码格式为"1，2，3，…"，起始页码为"1"，操作步骤如下。

(1) 选择"插入"选项卡，单击"页码"按钮，在"预设样式"下拉列表中单击"页码 (N)..."选项，如图 1-13 所示。

设置页码

▲ 图1-13　设置页码

▲ 图1-14　"页码"对话框

(2) 弹出的"页码"对话框如图 1-14 所示。在"样式"列表中设置编号格式为阿拉伯数字格式，在"位置"列表中选择"底端居中"，在"页码编号"组中设置"起始页码"为"1"，其他选项使用默认值。单击"确定"按钮，完成操作。

1.3.10 加密保护

公文具有特殊性，为了防止其他人修改或删除公文中的重要内容，可以对公文进行加密保护，操作步骤如下。

选择"文件"选项卡，在下拉列表中单击"文档加密 (E)"，选择"密码加密 (P)"，如图 1-15 所示；弹出"密码加密"对话框，如图 1-16 所示，输入密码，对文档加密。

▲ 图1-15　选择"密码加密"　　　　　　　▲ 图1-16　设置密码

1.3.11 保存文档

保存文档

在日常工作中，为了避免死机或突然断电造成文档数据的丢失，可以设置自动保存功能。操作步骤如下。

选择"文件"选项卡，在下拉列表中单击"备份与恢复"，选择"备份中心"，如图 1-17 所示；弹出"备份中心"对话框，单击"设置"按钮，在"备份至本地"组中单击选中"定时备份"单选钮，并在后面的数值框中输入自动保存的间隔时间，如图 1-18 所示。单击"返回"按钮，完成设置。

WPS 文字文件的扩展名是 *.wps，因为 WPS 文字文件对微软公司的 Microsoft Word 具有兼容性，所以 WPS 文字文件的扩展名也可以使用 *.doc 或者 *.docx。

▲ 图1-17　设置自动保存功能　　　　　▲ 图1-18　设置自动保存的间隔时间

　　首次保存文档时，只需单击"保存"按钮，在弹出的"另存为"对话框中将"文件类型"设置为"WPS 文字 文件 (*.wps)"，并设置保存路径、文件名即可，如图 1-19 所示。

　　公文具有特定的格式，为了保持公文格式的统一，可以将公文保存成公文模板，供以后使用。此时，只需在"另存为"对话框中将"文件类型"设置为"WPS 文字 模板文件 (*.wpt)"，如图 1-20 所示，输入文件名后单击"保存"按钮即可。

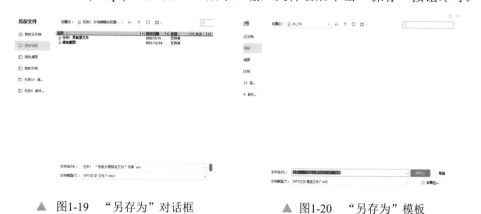

▲ 图1-19　"另存为"对话框　　　　　▲ 图1-20　"另存为"模板

1.3.12　任务小结

　　通过联合公文的制作，我们学习了 WPS 文字文档的基本操作，包括文档的新建、页面的设置、字符和段落的设置、水平直线的绘制、联合发文文件头的制作以及文档的保存等。在实际操作中需要注意：对 WPS 文字文档中的文本进行格式化时，必须先选定要设置的文本，之后再进行相关操作。

1.4　相关知识

1. WP Office

WPS Office是一款具有30多年研发历史，具有完全自主知识产权的国产办公软件。该软件支持文字文档、电子表格、演示文稿、PDF文件等多种办公文档处理，并集成一系列云服务，是一个提升办公效率的一站式融合办公平台。

2. 插入点的选择与定位

打开已有文件后，就可以对文件进行修改了。一般会将在文本区中呈"Ｉ"状的光标移动到需要修改的位置，然后单击鼠标，此时屏幕上出现一个竖条状的闪烁光标，该光标即插入点。在插入点可以输入或改写文本。

确定插入点位置的常用光标移动命令和键盘操作如下：

(1) <Ctrl+Home>/<Ctrl+End>组合键：将光标移至文件头/文件尾；

(2) <Ctrl+PgUP>组合键：实现快速定位。

如果知道欲修改位置附近的字符串内容，可在"文件"列表下的"编辑"选项中选择"查找"命令，并在"查找内容"文本中输入相应的字符串，系统会自动将光标停留在该字符串的位置上。

3. 文本选择

对文本的任何编辑操作，一般都要先选定文本，然后进行相应操作。

1) 用鼠标选中文本

① 按住鼠标左键，并将其从文本的起始位置拖动到终止位置，鼠标指针拖过文本即被选中，这种方式适用于选择小块的、不跨页的文本。

② 将光标插入点放在文本的起始位置，按住<Shift>键的同时，单击文本的终止位置，则起始位置与终止位置之间的文本被选中。这种方式适用于选择大块的、跨页的文本。

③ 在按住<Ctrl>键的同时，单击句中的任意位置，可以选中一句文本。

④ 将鼠标指针移到纸张左侧的选定栏中，当鼠标指针变成空心箭头时单击对应选定栏，即可选中鼠标指针所指的一行文本。

⑤ 将鼠标指针移到纸张左侧的选定栏中，当鼠标指针变成空心箭头时，按住鼠标左键，并将其从起始行拖动到终止行，即可选中多行文本。

⑥ 将鼠标指针移到纸张左侧的选定栏中，当鼠标指针变成空心箭头时，在所指的一段双击鼠标左键，或在段落中的任意位置快速双击鼠标左键，即可选

中当前所在段落。

⑦ 将鼠标指针移到纸张左侧的选定栏中，当鼠标指针变成空心箭头时，快速三击鼠标左键或按住<Ctrl>键的同时单击鼠标左键，可以选中整篇文档。

2）用键盘选定文本

① 按<Shift+→>组合键选定光标右边的一个字符，按<Shift+←>组合键选定光标左边的一个字符。

② 按<Shift+↑>键选定光标上一行的内容，按<Shift+↓>键选定光标下一行的内容。

③ 按<Shift+Home>键选定光标处内容的行首，按<Shift+End>键选定光标处内容的行尾。

④ 按<Ctrl+Home>键选定到文件的开头；按<Ctrl+End>键选定到文件的结尾。

⑤ 如果想一次性选择所有内容，可用"编辑"菜单下的"全选"命令。

4. 复制文本

复制文本时，除了按住<Ctrl>键，用鼠标单击选定的文本，将其拖拉至需复制位置的方法，其余的操作方法均需先将选定的内容复制到剪贴板中。复制方法有以下几种：

（1）选中内容后，单击工具栏中的"复制"按钮；

（2）单击"编辑"菜单中的"复制"命令；

（3）选定内容后，用<Ctrl+C>组合键进行复制；

（4）选定内容后，单击鼠标右键，从快捷菜单中选择"复制"命令。

用以下任意一种方法可粘贴文本：

（1）单击工具栏中的"粘贴"按钮；

（2）单击"编辑"菜单中的"粘贴"命令或单击鼠标右键，从快捷菜单中选择"粘贴"；

（3）用<Ctrl+V>组合键进行粘贴。

5. 移动文本

选定需移动的文本后，用鼠标左键单击选定的内容将其拖拉到相应位置后松开鼠标即可完成文本的移动。也可在选定文本后，通过用快捷键<Ctrl+X>或工具栏上的"剪切"按钮或单击"编辑"菜单中的"剪切"命令的方法，将选定内容剪切到剪贴板中，再将插入点移动到相应位置进行复制。

6. 删除文本

选定文本后，按<Del>键或是单击"文件"右侧的按钮，执行"编辑"

→"清除内容"命令，可将选定的文本删除。

7. 恢复与重复操作

"恢复"是WPS中一个非常有用的命令，它能自动保存在进行文件编辑时的若干步操作经过及内容变化，如果不慎进行了误操作，就可以通过单击工具栏上的"恢复"按钮或组合键<Ctrl+Z>来恢复误操作前的内容，"恢复"命令可连续使用。"重复"是相对于"恢复"而言的，只有在进行了"恢复"操作后，"重复"功能才有效，按"重复"按钮或组合键<Ctrl+A>能重复最近一次的操作。

1.5　操作技巧

1.5.1　录入技巧

1. 快速输入省略号

在 WPS 中输入省略号时经常采用选择"插入"→"符号"的方法。其实，在任何输入法下，连续按 6 次 <Ctrl+Alt+.(句号)> 快捷键，即可输入省略号。或在中文输入状态下，按下 <Shift+6> 快捷键即可快速输入省略号。

2. 快速输入大写数字

由于工作需要，工作人员 (特别是财务人员) 经常要输入一些大写的金额数字，但大写数字笔画大都比较复杂，无论是用五笔输入法还是拼音输入法，输入都比较麻烦，而利用 WPS 可以巧妙地解决这一问题。具体操作方法如下：

首先输入小写数字如"123456"，然后选中该数字，在"插入"选项卡中单击"编号"按钮，出现"插入编号"对话框，选择"数字类型"为"壹,贰,叁 ...",最后单击"确定"按钮。

1.5.2　编辑技巧

1. 同时保存所有打开的WPS文档

有时在同时编辑多个 WPS 文档时，要逐一保存每个文件，这样既费时又费力。用以下方法可以快速保存所有打开的 WPS 文档，具体操作方法如下。

（1）单击"文件"选项卡，选择"选项 (L)"命令，如图 1-21 所示，弹出"选项"对话框。

（2）在"选项"对话框中选择"自定义功能区"命令，在"从下列位置选择命令"框中选择"不在功能区中的命令"选项，并单击选择"保存所有文档"，在"自定义功能区"框中单击"新建组"按钮，并单击"添加"按钮将其添加到"开始"选项卡的"新建组"中，如图 1-22 所示。

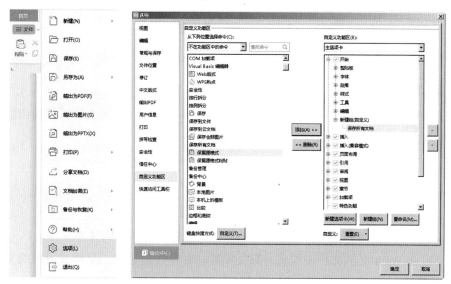

▲ 图1-21　选择选项　　　　　▲ 图1-22　"选项"对话框

（3）单击"确定"按钮返回，"保存所有文档"按钮便出现在"开始"选项卡的功能区中，如图 1-23 所示。有了这个"保存所有文档"按钮，就可以一次保存所有文件了。

▲ 图1-23　"保存所有文档"按钮

2. 关闭拼写错误标记

WPS 中有一个拼写和语法检查的功能，通过它，用户可以对键入的文字进行实时检查。系统是采用标准语法检查的，因而在编辑文档时，在一些常用语或网络语处会出现红色或绿色的波浪线，这有时候会影响用户的工作。此时可以将它隐藏，待编辑完成后再进行检查，操作方法如下。

（1）单击"文件"选项卡，在打开的下拉菜单中选择"选项"命令，打开"选项"

对话框，单击"拼写检查"选项，在右边窗口中取消"输入时拼写检查"复选框，错误标记便会立即消失。

(2) 如果要进行更详细的设定，可以单击"文件"→"选项"命令，打开"选项"对话框，从列表中选择"拼写检查"后，对"拼写检查"进行详细的设置，如拼写和语法检查的方式、自定义词典等。

1.6 拓展训练

选择题

1. 在 WPS 文字文档中编辑一篇文稿时，纵向选择一块文本区域的最快捷的操作方法是 (   )。

A. 按住 <Ctrl> 键不放，拖动鼠标分别选择所需的文本

B. 按住 <Alt> 键不放，拖动鼠标选择所需的文本

C. 按住 <Shift> 键不放，拖动鼠标选择所需的文本

D. 按 <Ctrl+Shift+F8> 快捷键，然后拖动鼠标选择所需的文本

2. 在 WPS 文字文档中编辑一篇文稿时，如需快速选取一个较长段落的文字区域，最快捷的操作方法是 (   )。

A. 直接用鼠标拖动，选择整个段落

B. 在段首单击，按住 <Shift> 键不放，再单击段尾

C. 在段落的左侧空白处双击鼠标

D. 在段首单击，按住 <Shift> 键不放，再按 <End> 键

3. 郝秘书在 WPS 文字文档中草拟一份会议通知，他希望该通知结尾处的日期能够随系统日期的变化而自动更新，最快捷的操作方法是 (   )。

A. 通过插入日期和时间功能，插入特定格式的日期并设置为自动更新

B. 通过插入对象功能，插入一个可以链接到原文件的日期

C. 直接手动输入日期，然后将其格式设置为可以自动更新

D. 通过插入域的方式插入日期和时间

4. 姚老师正在将一篇来自互联网的以".htm1"格式保存的文档内容插入到 WPS 文字文档中，最优的操作方法是 (   )。

A. 通过"复制"→"粘贴"功能，将其复制到 WPS 文字文档中

B. 通过"插入"→"文件"功能，将其插入到 WPS 文字文档中

C. 通过"文件"→"打开"命令，直接打开 .htm1 格式的文档

D. 通过"插入"→"对象"→"文件中的文字"功能，将其插入到 WPS
文字文档中

5. 在 WPS 文字中，新创建的空白文档默认的模板为 (　　　)。

A. Normal.dotm　　　　　　B. Normal.dotx

C. Normal.docx　　　　　　D. Normal.docm

6. 小陈在 WPS 文字文档中编辑一篇摘自互联网的文章，他需要将文档每行
后面的手动换行符删除，最优的操作方法是 (　　　)。

A. 在每行的结尾处，逐个手动删除

B. 通过查找和替换功能删除

C. 依次选中所有手动换行符后，按 <Delete> 键删除

D. 按 <Ctrl+*> 快捷键删除

7. 在 WPS 文字文档中，选择从某一段落开始位置到文档末尾的全部内容，
最优的操作方法是 (　　　)。

A. 将指针移动到该段落的开始位置，按 <Ctrl+A> 快捷键

B. 将指针移动到该段落的开始位置，按住 <Shift> 键，单击文档的结束位置

C. 将指针移动到该段落的开始位置，按 <Ctrl+Shift+End> 快捷键

D. 将指针移动到该段落的开始位置，按 <Alt+Ctrl+Shift+PgDn> 快捷键

8. 在 WPS 文字文档中，学生"张小民"的名字被多次错误地输入为"张晓
明""张晓敏""张晓民""张晓名"，纠正该错误的最优操作方法是 (　　　)。

A. 从前往后逐个查找错误的名字，并更正

B. 利用 WPS 文字文档的"查找"功能搜索文本"张晓"，并逐一更正

C. 利用 WPS 文字文档的"查找和替换"功能搜索文本"张晓 *"，并将其
全部替换为"张小民"

D. 利用 WPS 文字文档的"查找和替换"功能搜索文本"张晓 ?"，并将其
全部替换为"张小民"

9. 在 WPS 文字文档中，关于尾注说法错误的是 (　　　)。

A. 尾注可以插入到文档的结尾处

B. 尾注可以插入到节的结尾处

C. 尾注可以插入到页脚中

D. 尾注可以转换为脚注

10. WPS 文字文档中，为了将一部分文本内容移动到另一个位置，首先要
进行的操作是 (　　　)。

A. 光标定位　　　　B. 选定内容　　　　　　C. 复制　　　　　　D. 粘贴

任务2　图表创建与编辑——学习情况记录表

2.1　任务简介

本任务要求充分利用 WPS 提供的制作表格功能，完成"学习情况记录表"的制作。"学习情况记录表"效果图如图 2-1 所示。

学习情况记录表

星期	学习科目	开始时间	时长	计划学习内容	完成情况
六	英语	9:00-10:00	1	阅读背诵	100
	大学语文	10:00-12:00	2	课外阅读	90
	等级考试练习	14:00-15:00	1	实操练习	80
	党史学习	15:00-16:00	1	观看党课开讲啦	70
	普通话学习	16:-17:00	1	跟读练习	90
	篮球	18:00-19:00	1	投篮训练	80
	专业课	19:00-21:00	2	专业课复习	100
				专业课预习	
合计时长			9		

▲ 图2-1　"学习情况记录表"效果图

2.2　任务目标

本任务涉及的知识点主要有：表格的创建、表格中单元格的合并与拆分、表格边框和底纹的设置，公式和函数的使用。

学习目标：

· 掌握表格的创建方法。

- 掌握表格中单元格的合并与拆分方法。
- 掌握表格内容的输入与编辑方法。
- 掌握表格边框与底纹的设置方法。
- 掌握表格标题的跨页设置方法。
- 掌握表格中公式和函数的使用方法。

思政目标：

- 培养学生诚实守信的道德品质。
- 培养学生职业生涯规划意识。
- 培养学生良好的学习习惯、行为习惯和自我管理能力。
- 培养学生精益求精的工匠精神。

2.3　任务实现

学习情况记录表应具备以下特色：
- 整个表格的外边框以双实线来划分；对处于同一区域中的不同内容，用虚线等特殊线型来分隔。
- 重点部分用粗体来注明。
- 对于重点部分或者不需要填写的单元格应填充比较醒目的底色。
- 可以快速计算出学习的合计时长。

创建此表格的流程如下所述。
- 创建表格雏形。
- 编辑学习情况记录表。
- 输入与编辑学习情况记录表的内容。
- 设置与美化表格。
- 计算表格的数据。
- 完成表格的制作。

2.3.1　创建表格

创建表格之前，必须先规划好行数和列数以及表格的大概结构。最好先在纸上绘制出表格的草图，再在 WPS 文档中进行创建。创建表格的操作步骤如下：

创建表格

(1) 启动 WPS，新建一个空白文档。

(2) 在新建的空白文档中选择"页面布局"选项卡，然后单击"页面设置"功能组中的"页边距"按钮，在下拉列表中选择"自定义页边距"，打开"页面设置"对话框。将"页边距"选项卡中左、右页边距设置为"1.5 厘米"，如图 2-2 所示。

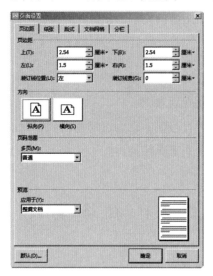

▲ 图2-2 页边距设置

(3) 在文档的首行输入标题"学习情况记录表"，并按 <Enter> 键结束当前段落的输入。

(4) 选择"插入"选项卡，单击"表格"按钮，在下拉列表中选择"插入表格"命令，随即弹出"插入表格"对话框，在"插入表格"对话框的"表格尺寸"栏中，将"列数 (C)""行数 (R)"分别设置为"6"和"9"，再单击"确定"按钮。如图 2-3 所示。

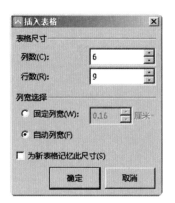

▲ 图2-3 "插入表格"对话框

(5) 选中"学习情况记录表"文本，选择"开始"选项卡，在"字体"功能组中，将选中文字的字体设置为"黑体""加粗"，"字号"设置为"一号"。在"段落"功能组中，将文字的"对齐方式"设置为"居中对齐"，如图 2-4 所示。

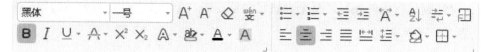

▲ 图2-4　标题格式设置

（6）将光标移动到表格右下角的大小控制点上，按住左键不放，当光标变为十字形指针时，往下拖动，增加表格的高度。插入 9 行 6 列的表格，效果图如图 2-5 所示。

▲ 图2-5　插入9行6列的表格效果图

2.3.2　合并和拆分单元格

合并和拆分单元格

由于插入的表格过于简单，与图 2-1 中的表格相差较大，所以需要对单元格进行合并。操作步骤如下。

（1）调整第 1 列宽度。将鼠标移至第 1 列右侧的边框线上，当鼠标光标变成"⇹"形状时，按住鼠标左键往左拖动即可调整此列的宽度。调整其他列的宽度均可采用此方法。

（2）选中表格第 1 列的第 2、3、4、5、6、7、8 行，单击"表格工具"选项卡中的"合并单元格"按钮，如图 2-6 所示，完成第 1 列单元格的合并操作。

▲ 图2-6　合并单元格

（3）用同样的方法合并第 9 行的第 1、2、3 列。

（4）将光标定位于第 8 行第 5 列单元格，单击鼠标右键，在弹出的菜单中选择"拆分单元格"选项，在"拆分单元格"对话框中，将"列数 (C)"和"行数 (R)"

的数值分别设置为"1"和"2"，完成对单元格的拆分，如图2-7所示。

(5) 通过以上的操作，整个表格已调整完毕，单元格合并、拆分后的效果图如图2-8所示。

▲ 图2-7　"拆分单元格"对话框　　　▲ 图2-8　合并、拆分单元格后效果图

输入与编辑
表格内容

2.3.3　输入与编辑表格内容

完成表格的结构编辑后，即可在表格中输入内容，然后设置好文字的方向和位置，从而得到最佳的效果，操作步骤如下。

(1) 在表格中输入相关文本内容。

(2) 在单元格输入文本内容时，可为重点内容添加粗体字形。

(3) 输入完选择所有单元格，单击鼠标右键，在弹出的菜单中选择"单元格对齐方式"选项，单击"水平居中"按钮，即可将所有文字的对齐方式设置为"居中对齐"，如图2-9所示。

(4) 单元格文字对齐后的效果如图2-10所示。

▲ 图2-9　单元格居中对齐　　　▲ 图2-10　输入表格内容设置文字对齐后的效图

2.3.4 设置表格的边框和底纹

完成表格的内容编辑后，就可以对表格的边框和底纹进行设置，操作步骤如下。

(1) 单击表格左上角的移动控制点选择整个表格，选择"表格样式"选项卡，单击"边框"按钮,在下拉列表中选择"边框和底纹",打开"边框和底纹"对话框。在"边框"选项卡中选择"网格"，在"线型"中选择"双线"，如图 2-11 所示。单击"确定"按钮，整个表格的外侧边框线设置完成。

(2) 选择表格第一行的全部单元格,用同样的方法打开"边框和底纹"对话框,在"边框"选项卡中选择"自定义",在"线型"中选择"双线",单击一次"预览"中的██按钮,将此栏目的下边框设置成双线,以便与其他栏目分隔开,如图 2-12所示。

▲ 图2-11 "边框和底纹"对话框

▲ 图2-12 设置下边框效果图

(3) 选择表格第 1 行的全部单元格，选择"表格样式"选项卡，单击"底纹"按钮，在下拉列表中选择"暗板岩蓝，文本 2，浅色 80%"，为此单元格添加底纹，如图 2-13 所示。

▲ 图2-13 底纹的设置

(4) 用同样的方法为单元格加上底纹。至此，一份学习情况记录表的绘制与美化工作已结束，效果图如图 2-14 所示。

学习情况记录表

星期	学习科目	开始时间	时长	计划学习内容	完成情况
六	英语	9:00-10:00	1	阅读背诵	100
	大学语文	10:00-12:00	2	课外阅读	90
	等级考试练习	14:00-15:00	1	实操练习	80
	党史学习	15:00-16:00	1	观看党课开讲啦	70
	普通话学习	16:-17:00	1	跟读练习	90
	篮球	18:00-19:00	1	投篮训练	80
	专业课	19:00-21:00	2	专业课复习 / 专业课预习	100
合计时长					

▲ 图2-14 绘制与美化后的表格效果图

表格的数据计算

2.3.5 表格的数据计算

在表格中录入学习时长等内容时，可以利用 WPS 文档提供的公式进行计算，操作步骤如下。

(1) 在表格中输入各科目的学习时长。

(2) 将光标定位于"合计时长"右边的单元格，然后选择"表格工具"选项卡，单击"fx 公式"按钮，如图 2-15 所示。

▲ 图2-15 公式按钮

(3) 在弹出的"公式"对话框 (如图 2-16 所示) 中，对"辅助"项的参数进行设置。在"数字格式 (N)"下拉列表中，选择"0"选项；在"粘贴函数 (P)"下拉列表中，选择"SUM"选项；在"表格范围 (T)"下拉列表中，选择"ABOVE"选项。最后单击"确定"按钮，所得的数值为合计时长，效果如图 2-17 所示。

▲ 图2-16 "公式"对话框 　　▲ 图2-17 为学习时长计算合计时长

至此表格全部制作完成。

2.3.6 表格标题跨页设置

表格标题
跨页设置

在日常工作中，经常会出现表格横跨两页的情况，可以通过"表格属性"对话框中的设置来解决这个问题，操作步骤如下。

一般而言，表格的第一行为标题行。选中标题行，单击鼠标右键，在弹出的菜单中选择"表格属性 (R)"选项，如图 2-18 所示。打开"表格属性"对话框，切换到"行"选项卡，在"选项"中勾选"在各页顶端以标题行形式重复出现"复选框，如图 2-19 所示。单击"确定"按钮，即可实现表格标题跨页重复显示。

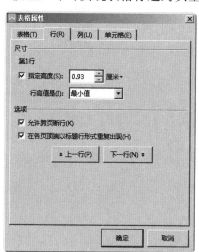

▲ 图2-18 选择"表格属性"选项 　　▲ 图2-19 "表格属性"对话框

2.3.7 任务小结

通过制作学习情况记录表，我们学习了表格的创建、单元格的合并与拆分、表格边框和底纹的设置以及利用公式进行计算等。在实际操作中需要注意以下问题：

(1) 要编辑表格中的内容，应先选择相应的单元格。

(2) 表格标题跨页重复显示既可通过"表格属性"对话框中的设置来实现，也可通过选中表格中的标题行，在"表格工具"选项卡中单击"标题行重复"按钮来快速实现。

(3) 在 WPS 文档中，用户可以将表格中指定单元格或整张表格转换为文本内容。可以通过选择"表格工具"选项卡，单击"转换成文本"按钮实现。

(4) 在 WPS 文档中，用户也可以将文字转换成表格。实现这一效果的关键操作是使用分隔符号将文本进行合理分隔，WPS 能够识别常见的分隔符，如段落标记、制表符和逗号，操作方法如下：

选中文本后，单击"插入"选项卡中的"表格"按钮，并在下拉列表中选择"文本转换成表格"选项，"将文字转换成表格"对话框如图 2-20 所示。使用默认的行数和列数，单击"确定"按钮，即可实现文字转换成表格。

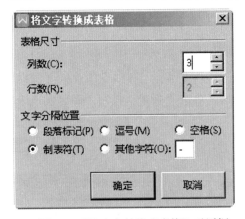

▲ 图2-20 "将文字转换成表格"对话框

2.4 相关知识

1. 插入和创建新表格

选择"插入"选项卡单击"表格"按钮，在下拉列表中选择"绘制表格"选项，将呈铅笔形状的光标置于页面的任意位置进行拖动，此时会在起始点和光标的当前位置之间出现一表格虚框，待行、列值达到要求时松开鼠标，一个处于编辑状态的空表格即制作完成。此时光标处在表格的左上角单元格中，且表格的右侧和下侧出现两个操作点，这两个操作点表示此表格为当前表格，可接受输入或编辑等操作。

2. 表格内容的插入、移动与复制

新表格创建完成后，单击新表格对应的单元格，即可向表格中填充内容，其方法和编辑文档一样。

复制或移动表格中的内容的方法与编辑文本的方法相同。对于未进行过"合并单元格"操作的表格，可以移动整行或整列的表格内容，具体操作方法如下：将光标移到行首，当光标变为向右的白色箭头时，单击鼠标左键，选定整行，按住鼠标左键，将选定的整行内容拖动到相应行中，松开鼠标，即完成表格整行内容的移动；将光标移到列的上方，当光标变为向下的黑色箭头时，单击鼠标左键，选定整列，按住鼠标左键，将选定的整列内容拖动到相应列中，松开鼠标，即完成了表格内容的整列移动。

注意：在移动或复制连续多个单元格时，粘贴操作的目标区域应大于或等于源区域。

3. 拆分表格

在表格制作中，有时需要将一个表格拆分成两个表格。表格可按行或按列拆分，若按行拆分，需选定表格下方需拆分的部分；若按列拆分，需选定表格右边需拆分的部分。

4. 设置斜线表头

选中要设置斜线表头的单元格，选择"表格样式"选项卡，点击"绘制斜线表头"按钮，选择要绘制的斜线表头样式，点击"确定"按钮，完成斜线表头的设置。

5. 调整表格的行高与列宽

在本任务中，表格存在第 1 列列宽过大，第 2 列列宽过小，表头栏行高偏小等问题，需要进行调整，具体操作方法为：选定表格，将鼠标置于第一行表格线下，待光标变为两边箭头的形状时，向下拖动增加行高。再将鼠标置于第一列右侧的表格线上，用同样的方法调整第 1、2 列的列宽。

6. 改变表格行列线的风格和整体外观

选中单元格后，在"表格工具"选项卡中单击"表格属性"按钮，在弹出的"表

格属性"选项卡中选择"表格"选项卡,然后单击"边框和底纹"按钮,选择"边框"选项卡,设置相关参数即可。

7. 在表格中插入底图、底纹或底色

选中单元格后,在"表格工具"选项卡中单击"表格属性"按钮,在弹出的"表格属性"选项卡中选择"表格"选项卡,单击"边框和底纹"按钮,选择"底纹"选项卡,设置相关参数即可。

2.5 操作技巧

2.5.1 录入技巧

在 WPS 中经常看到一些漂亮的图形符号,如"⌨""📷""👓"等,这些符号不是由图形粘贴得到的。WPS 中有几种自带的字体可以产生这些漂亮、实用的图形符号,具体操作步骤为:先把字体更改为"Wingdings""Wingdings2""Wingdings3"及其相关字体,然后试着在键盘上敲击键符,如"7""9""a"等,此时就能产生这些漂亮的图形符号了。如把字体改为"Wingdings",再在键盘上单击 <d> 键,便会产生一个"Ω"图形。在输入字符时需注意区分字母大小写,大写得到的图形与小写得到的图形不同。

2.5.2 表格技巧

1. 让单元格数据以小数点对齐

有时用 WPS 制作的统计表中经常会出现带有小数点的数据,这时要将数据对齐并不容易。不过,只要用鼠标选定含有小数点数据的那列单元格,并单击标尺处,使其出现一个"制表位"图标(一个小折号),然后用鼠标双击这个"制表位"图标,弹出"制表位"对话框,在"对齐方式"中选取"小数点对齐"方式,单击"确定"按钮后,所有数据就会以小数点的位置进行对齐。当然,也可以继续拖曳标尺上的小数点对齐式制表符来调整小数点的位置,直到满意为止。

2. 精确调整表格

人工调整表格边线操作起来比较困难,无法调整精确。其实只要按住 <Alt> 键,然后用鼠标调整表格的边线,表格的标尺就会发生变化,能精确到 0.01 厘米,

这样表格边线的精确度就明显提高了。

3. WPS也能"自动求和"

在编辑工作表时,很多用户对常用工具栏中的"自动求和"按钮情有独钟。其实,在 WPS 文档的表格中,也可以对表格中的数据进行自动求和,具体操作方法为:选定表格中需自动求和的单元格,单击"表格工具"选项卡,单击"快速计算"按钮,在弹出的下拉菜单中单击"Σ 自动求和"按钮,系统会对所选择的数据进行自动求和,并将数值的总和填入所选数据的下方或右方的单元格中。

2.6　拓展训练

选择题

1. 要将 WPS 文档中的大写英文字母转换为小写,最优的操作方法是 (　　)。
A. 执行"开始"选项卡中的"更改大小写"命令
B. 执行"审阅"选项卡中的"更改大小写"命令
C. 执行"引用"选项卡中的"更改大小写"命令
D. 单击鼠标右键,执行右键菜单中的"更改大小写"命令

2. 王老师在 WPS 文字中修改一篇长文档时不慎将光标移动了位置,若希望返回最近编辑过的位置,最快捷的操作方法是 (　　)。
A. 操作滚动条找到最近编辑过的位置并单击
B. 按 <Ctrl+F5> 组合键
C. 按 <Shift+F5> 组合键
D. 按 <Alt+F5> 组合键

3. 小宁正在 WPS 文字中编辑一份公益演讲稿,她希望每行文本的左侧能够显示行号,最优的操作方法是 (　　)。
A. 将文本打印出来,在每行前手动添加行号
B. 通过"插入 / 编号"功能,依次在每行的左侧添加行号
C. 通过"页面布局 / 行号"功能,在每行的左侧显示行号
D. 通过"视图 / 显示 / 行标题"功能,依次在每行的左侧插入行号

4. 刘老师已经利用 WPS 文字编辑完成了一篇中英文混编的科技文档,若希望将该文档中的所有英文单词首字母均改为大写,最优的操作方法是 (　　)。

A. 手动修改单词

B. 选中所有文本，通过"字体"选项组中的"更改大小写"功能实现

C. 选中所有文本，通过按 <Shift+F4> 组合键实现

D. 在自动更正选项中开启"每个单词首字母大写"功能

5. 文秘小慧正在 WPS 文字中编辑一份通知，她希望将位于文档中间的表格横排，其他内容则保持纸张方向为纵向，最优的操作方法是 (   )。

A. 在表格的前后分别插入分页符，然后设置表格所在的页面纸张方向为横向

B. 在表格的前后分别插入分节符，然后设置表格所在的页面纸张方向为横向

C. 首先选定表格，然后为所选文字设置纸张方向为横向

D. 在表格的前后分别插入分栏符，然后设置表格所在的页面纸张方向为横向

6. 在 WPS 文字中，不能作为文本转换为表格的分隔符的是 (   )。

A. 段落标记　　　　B. 制表符　　　　　　C. @　　　　　　D. ##

7. 在 WPS 文字的文档中有一个占用 3 页篇幅的表格，如需将这个表格的标题行都出现在各页面首行，最优的操作方法是 (   )。

A. 将表格的标题行复制到另外 2 页中

B. 利用"重复标题行"功能

C. 打开"表格属性"对话框，在列属性中进行设置

D. 打开"表格属性"对话框，在行属性中进行设置

8. 在 WPS 文字中为所选单元格设置斜线表头，最优的操作方法是 (   )。

A. 插入线条形状　　　　　　B. 自定义边框

C. 绘制斜线表头　　　　　　D. 拆分单元格

9. 在 WPS 文档中填写合同需要将小写数字金额转换为人民币汉字大写，错误的操作是 (   )。

A. 插入编号并选择"壹元整，贰元整，叁元整……"数字格式

B. 插入公式域并选择"人民币大写"数字格式

C. 在 WPS 表格中应用"人民币大写"数字格式后再复制到文字文档

D. 只能通过输入法特殊键入

10. 小明需要将 WPS 文字的文档内容以稿纸格式输出，最优的操作方法是 (   )。

A. 利用"文档网格"功能

B. 利用"稿纸设置"功能

C. 利用"插入表格"功能绘制稿纸，然后将文字内容复制到表格中

D. 适当调整文档内容的字体和段落格式，然后将其直接打印到稿纸上

任务3　图文混排——数博会宣传册

3.1　任务简介

本任务要求学生充分利用 WPS 提供的相关技术，完成数博会宣传册的制作。数博会宣传册效果图如图 3-1 所示。

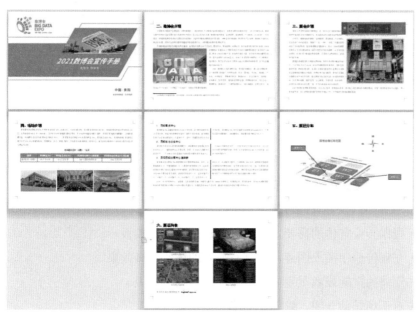

▲　图3-1　数博会宣传册效果图

3.2　任务目标

本任务涉及的知识点主要有：WPS 模板的创建、页面设置、样式的修改和应用、分隔符的使用、分栏操作、图片的插入、图文混排、图形标注的添加以及添加注释的操作方法。

学习目标：

- 掌握 WPS 文档模板的制作方法。
- 掌握样式的修改与应用方法。
- 掌握分页和分栏的操作方法。
- 掌握 WPS 中图文混排的操作方法。
- 掌握图形标注的添加方法。
- 掌握注释的添加方法。

思政目标：

- 培养学生的审美能力和人文素养。
- 培养学生的安全和环保意识。
- 培养学生的创新精神和实践能力。
- 培养学生的团队合作精神与沟通能力。
- 培养学生的社会责任感。

3.3　任务实现

宣传手册必须具备以下特色：

- 宣传手册的封面设计简洁且突出重点，包含会议标志、会议名称、宣传口号、举办地点及会议图片等元素。
- 根据会议宣传的需要，制定出合适的宣传册模板。
- 在宣传册中插入图片，并且有美观的图文混排效果。
- 不同的主题或者重点内容应排在不同的页面上。
- 对于场馆的介绍，以标注的形式展示。
- 为易于阅读，将部分内容分栏排版。
- 重点术语或者词组插入注释。

3.3.1　创建宣传手册模板

创建模板文件前，要设置好页面的大小、样式等基础格式，然后将文档以".wpt"格式进行保存。套用模板时，只需要打开模板文件，然后将其保存为".wps"格式的文件即可，操作步骤如下。

创建宣传
手册模板

(1) 启动 WPS，在界面左侧选择"新建"命令，进入"新建"界面，选择上方的"文字"，并在"推荐模板"中选择"新建空白文档"，如图 3-2 所示。这样，就创建了一个空白文档"文字文稿 1"。

▲ 图3-2　"新建"界面

(2) 在新建的空白文档"文字文稿 1"中选择"页面布局"选项卡，执行"自定义页边距 (A)..."命令，将"页边距"的上、下设置为"2 厘米"，左、右设置为"2.54 厘米"，"纸张方向"设置为"纵向 (F)"，如图 3-3 所示。纸张大小设置为"A4"，"宽度 (W)""高度 (E)"分别为"21 厘米"和"29.7 厘米"，如图 3-4 所示，单击"确定"按钮完成设置。

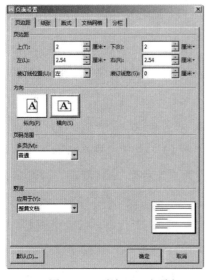 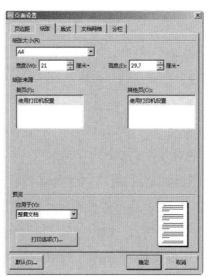

▲ 图3-3　"页边距"选项卡　　　　　▲ 图3-4　"纸张"选项卡

(3) 切换到"开始"选项卡，单击"标题 1"选项，从快捷菜单中选择"修改样式 (E)"命令，打开"修改样式"对话框，如图 3-5 所示。在"格式"栏中，将字体设置为"黑体"，字号设置为"二号"，将字形设置为"加粗"。

(4) 单击"修改样式"对话框中的"格式"选项，从弹出的菜单中选择"段落"命令，打开"段落"对话框。在"缩进"栏中，将"特殊格式 (S)"设置为"无"；在"间距"栏中，将"段前 (B)""段后 (E)"设置为"0 行"，将"行距 (N)"设置为"1.5 倍行距"，如图 3-6 所示。设置完成后，单击"确定"按钮，完成对"标题 1"样式的修改。

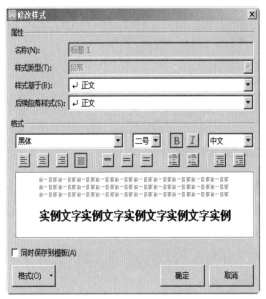

▲ 图3-5　修改"标题1"字体格式　　　　▲ 图3-6　修改"标题1"段落格式

(5) 参考上述步骤，将"标题 2"的格式设置为：字体设置为"黑体、加粗"，字号设置为"三号"，段落的对齐方式设置为"两端对齐"，段前、段后设置为"0 行"，行距设置为"1.5 倍行距"。

(6) 将"正文"的格式设置为：字体设置为"宋体"，字号设置为"小四号"；段落的对齐方式设置为"两端对齐"；在"缩进"栏中，将"特殊格式"设置为"首行缩进"，并将"度量值 (Y)"设置为"2 字符"；将段前、段后间距设置为"0 行"，将行距设置为"1.5 倍行距"。

(7) 按 <F12> 键，打开"另存文件"对话框。在"保存类型"中选择"WPS 文字 模板文件 (*.wpt)"选项，在"文件名"文本框中输入文字"数博会宣传册模板"，如图 3-7 所示。最后单击"保存"按钮，将文档保存成模板文件。

▲ 图3-7　"另存为"对话框

3.3.2　添加宣传手册内容并分页

在撰写文件时，通常会将指定内容编排在同一页上，以保证页面排版的美观。在编制宣传手册前，需要先预估各页面容纳的内容，以便做出最佳的分页处理，操作步骤如下。

添加宣传手册
内容并分页

(1) 在保存有宣传手册模板的文件夹中，双击文件"宣传手册模板 .wpt"，WPS 以该模板创建了名称为"文字文稿 1"的空白文档。选择"开始"选项卡，在功能区单击"样式"任务窗格中的"正文"样式，然后在编辑区输入宣传手册的所有标题、文字，输入完成后的效果图如图 3-8 所示。

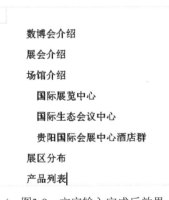

▲ 图3-8　文字输入完成后效果

(2) 按住 <Ctrl> 键不放,选择除"国际展览中心""国际生态会议中心"和"贵阳国际会展中心酒店群"外的文字,然后单击"预设样式"任务窗格中的"标题 1"样式。

(3) 选择"国际展览中心""国际生态会议中心"和"贵阳国际会展中心酒

店群"文字，为其套用"标题 2"样式。

(4) 按下 <Ctrl+A> 快捷键选取全部文字，切换到"开始"选项卡，单击功能区"编号"按钮，在"多级编号"选项组中选择第二种编号样式，如图 3-9 所示。选择多级编号样式完成后的效果如图 3-10 所示。

▲ 图3-9 选择多级编号样式　　▲ 图3-10 选择多级编号样式后的效果图

(5) 将光标定位于标题文字"数博会介绍"之前，切换到"页面布局"选项卡，单击功能区"分隔符"按钮，从下拉菜单中选择"下一页分节符"命令，如图 3-11 所示。此时，文档被分为两节：第一节为空白页，将用于插入封面；第二节用于编辑宣传手册的内容。

▲ 图3-11 插入"下一页分节符"

(6) 切换到"开始"选项卡。单击"段落"选项组中的"显示／隐藏编辑标记"按钮，勾选"显示／隐藏编辑标记"项。将插入点定位于空白页中"分节符（下一页）"所在行的最左侧，接着单击"样式"任务窗格中"正文"选项，这样，便清除了空白页中的"标题 1"样式。

(7) 将插入点移至标题文字"数博会介绍"之后，切换到"页面布局"选项卡,单击功能区中的"分隔符"按钮,从下拉菜单中选择"下一页分节符"命令,此时在新页的页首会插入一空行,按 <Delete> 键将其删除。

(8) 使用上述方法将"二、展会介绍""三、场馆介绍""四、展区分布""五、产品列表"等内容分割成独立的页面,效果如图 3-12 所示。

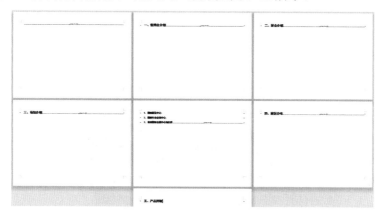

▲ 图3-12 将内容分割成独立页面的效果图

3.3.3 制作宣传手册封面

分页后,文档的第一页是空白页,用于制作宣传手册的封面。制作封面的操作步骤如下。

(1) 将插入点移至页首,切换到"插入"选项卡,打开"图片"选项框,单击"图片"选项组中的"来自文件 (P)"按钮,在打开的"插入图片"对话框中选择图片文件"宣传手册封面 .jpg",如图 3-13 所示,然后单击"打开"按钮。

制作宣传
手册封面

▲ 图3-13 选择封面图片

(2) 选中插入的图片,在"图片工具"选项卡中,将"高度"设置为"21 厘米",使图片与页面的尺寸相同。单击"文字环绕"按钮,从下拉菜单中选择"浮于文字上方"命令;单击"对齐"按钮,从下拉菜单中选择"水平居中 (C)"命令;然后再单击"对齐"按钮,从下拉菜单中选择"垂直居中 (M)"命令。这样就可以使图片边缘与页面的四周对齐了。调整后的宣传册封面效果图如图 3-14 所示。

▲ 图3-14　宣传册封面效果图

3.3.4　分栏

对文档的内容进行分栏排版,不但易于阅读,还能有效地利用纸张的空白区域。本任务将"场馆介绍"的内容设置成双栏版式,并在栏间添加分隔线,操作步骤如下。

(1) 将文字素材复制到文档相应的位置,效果图如图 3-15 所示。

▲ 图3-15　将文字素材复制到文档相应位置的效果图

(2) 将插入点移至第 5 页的标题"1. 国际展览中心"的内容之后,切换到"页面布局"选项卡,单击功能区"分隔符"按钮,从下拉菜单中选择"连续分节符"命令,使该标题的内容不受分栏影响。

(3) 将光标处的空行删除,接着选中要分栏的内容,单击"页面布局"选项卡中的"分栏"按钮,从下拉菜单中选择"更多分栏"命令,打开"分栏"对话框。在"预设"栏中选择"两栏"样式,接着选中"分隔线"复选框,如图 3-16 所示。选中第 5 页最后一段文字,单击鼠标右键,在菜单中选择"段落"命令,在"间距"选项中,将"段前 (B)"设置为"0.5 行",如图 3-17 所示。

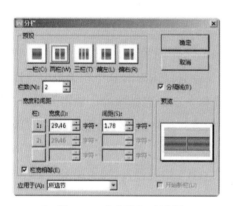

▲ 图3-16　"分栏"对话框

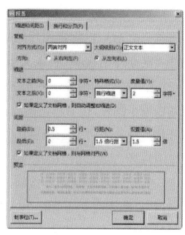

▲ 图3-17　设置"段前(B)"间距

(4) 最后单击"确定"按钮。分栏后的效果如图 3-18 所示。

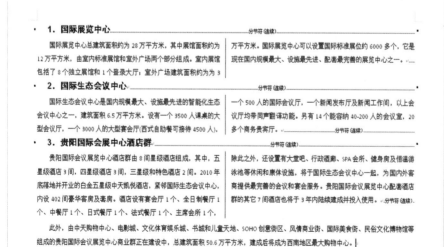

▲ 图3-18　分栏后的效果图

管理图文混排

3.3.5 管理图文混排

图片比文字的直观性更强，也更容易说明情况，因此使用图片是文档编排中常用的手法之一。图文混排的操作步骤如下。

(1) 选中文档的第 2 页，将光标移至第二自然段文字"历届数博会……."之前，切换到"插入"选项卡，打开"图片"选项框，单击"本地图片 (P)"按钮，选择素材文件"数博会介绍 .jpg"，将其插入文档中。

(2) 选中文档的第 3 页，将光标移至第二自然段文字"……新理念、新观点和新思维"之后，以指定图片的插入点，然后重复插入图片的操作方法，将素材文件"展会介绍 .jpg"插入文档中。

(3) 选中插入的图片，将光标移至图片右下角的节点上，按住左键并向左上角拖动以缩小图片，接着单击图片右侧的"文字环绕"按钮，从下拉菜单中选择"紧密型环绕"命令，并适当调整图片的位置和大小。选择图片，单击右键，在下拉菜单中选择"设置对象格式"命令，在"设置对象格式"对话框中，选择"版式"选项卡，单击"高级 (A)..."按钮，在弹出的"布局"对话框中选择"文字环绕"选项卡，将"距正文"选项的"左 (E)""右 (G)"均设置为"0.5 厘米"，如图 3-19所示，然后单击"确定"按钮。

▲ 图3-19　设置图片与文字的距离

(4) 确定环绕方式后，图片的大小和位置可能还不太理想，需再次调整图片的大小，并将图片移至段落文字的左、右方，调整后的效果图如图 3-20 所示。

▲ 图3-20　设置紧密型环绕后的效果图

(5) 选中文档的第 4 页，将光标移至文字"……特大型现代化会议展览综合体"之后，然后通过插入图片的操作方法将素材文件"场馆 1.jpg""场馆 2.jpg""场馆 3.jpg"插入文档中，调整图片的大小和位置，并将其排列在同一行上，各图片之间需空出一定的距离。

(6) 选中文档的第 6 页，将插入点定位于空白页中"分节符（下一页）"所在行的最左侧，接着通过插入图片的操作方法将素材文件"数博会展位导览图 .jpg"插入文档中，调整图片的大小和位置。

(7) 选中文档的第 7 页，将插入点定位于文字"产品列表"的下一行最左侧，接着通过插入图片的操作方法将素材文件"展品 1.jpg""展品 2.jpg""展品 3.jpg""展品 4.jpg"插入文档中，调整图片的大小和位置，并将图片排列为 2 行 2 列。然后，在图片的下方输入相关的说明文字。接着，在最后一行输入文字信息"更多信息请关注数博会官网 (bigdata-expo.cn)"。

3.3.6　制作宣传手册图表

制作宣传
手册图表

一般的宣传手册都以表格的形式介绍产品的配置与规格。制作宣传手册图表的操作步骤如下。

(1) 在文档的第 4 页中将光标移至文字"……特大型现代化会议展览综合体"之后，以指定图表标题的插入点，之后按 <Enter> 键，另起一行，接着输入文字"场馆建筑面积（规模）一览表"后，将插入点放置于输入文字之下，并切换到"插入"选项卡，单击"表格"按钮，从下拉菜单中选择"插入表格"命令，打开"插入表格"对话框，将"列数""行数"分别设置为"5"和"2"，如图 3-21 所示。最后，单击"确定"按钮，完成表格的初步制作。

(2) 确保光标位于表格的单元格中，切换到"表格样式"选项卡，在"淡"色系选项组中选择"浅色样式 2- 强调 1"选项，如图 3-22 所示。

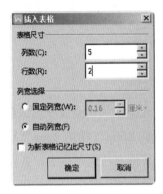

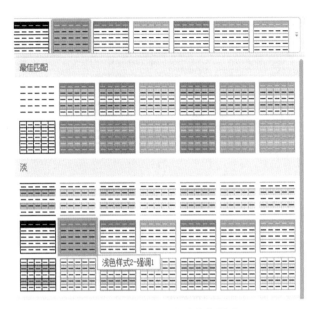

▲ 图3-21　"插入表格"对话框　　　　　　▲ 图3-22　设置表格样式

（3）输入各项表格的文本内容，最终效果如图 3-23 所示。

场馆建筑面积（规模）一览表

场馆	国际展览中心	国际生态会议中心	贵阳国际会展中心酒店群	贵阳国际会议展览中心商业群
建筑面积（规模）	28 万平方米	6.5 万平方米	由 8 间星级酒店组成	50.6 万平方米

▲ 图3-23　输入各项表格内容后的效果图

3.3.7　插入图形标注

插入图形
标注

可以用标注的形式来说明产品的使用方法或结构。为文档添加标注图形的操作步骤如下。

（1）选中文档的第 6 页，插入素材文件"数博会展位导览图 .jpg"并调整图片的大小和位置。

（2）切换到"插入"选项卡，单击"形状"按钮，从下拉菜单中选择"线形标注 2"标注样式。

（3）将光标定位于图片中的"参观入口"处，长按鼠标左键并向右下角拖曳，即可绘制好标注。单击图形标注，通过"高度""宽度"微调按钮可调整标注框的大小；单击标注右侧的"填充"按钮，可设置标注框的颜色；接着将光标定位于图形内，输入文字"参观入口"，并将文字的"对齐方式"设置为"居中对齐"，将文字颜色设为"白色"，"参观入口"标注框设置完成。

（4）使用相同的方法制作出"登录大厅"的图形标注。图形标注制作完成后的效果如图 3-24 所示。

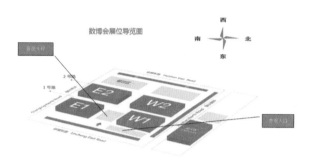

▲ 图3-24　标注图形制作完成后的效果图

3.3.8　添加注释

添加注释

在宣传手册中，可以通过添加注释的方式对专业术语进行说明。注释一般分为脚注和尾注。脚注一般位于页面的底部，可以作为文档某处内容的注释；尾注一般位于文档的末尾，以列出引文的出处等。

本任务需为"区块链"添加脚注，操作方法如下。

(1) 在文档第 2 页中，选中文本"区块链"后，切换到"引用"选项卡，单击"插入脚注"按钮，即可在光标处输入脚注文本"区块链是分布式数据存储、点对点传输、共识机制、加密算法等计算机技术的新型应用模式。"

(2) 执行"文件"→"另存为 (A)..."命令，在"保存类型"下拉列表框中选择"WPS 文字 文件 (*.wps)"选项，在"文件名"文本框中输入文字"数博会宣传手册"，单击"保存"按钮。至此，数博会宣传手册制作完成。

3.3.9　任务小结

通过制作数博会宣传册，学习了 WPS 模板的创建、图文混排、分栏、分页和分节等操作方法。这种宣传手册的制作过程如下。

(1) 宣传手册有特有的格式，可创建模板，以便再次制作其他宣传手册时可以套用模板。

(2) 通过"页面布局"选项卡的"分隔符"下拉菜单可以对文档进行分页或分节处理。

(3) 插入图片后，通过调整图片的大小和位置，可以将其设置为封面或者背景。在"图片工具"选项卡中，单击"文字环绕"按钮可以设置图片与文字的环绕方式。

(4) 通过"页面布局"选项卡中的"分栏"对话框，可以将指定内容分成大小相同或者大小不同的双栏或者多栏。

(5) 通过"插入表格"对话框和"表格工具""表格样式"选项卡，可以快速创建具有特定样式效果的表格。

(6) 通过插入自选图形，可以为文档的指定部分添加标注图形。

(7) 通过插入脚注和尾注，可以为文档添加必要的注释。

3.4 相关知识

3.4.1 WPS文字模板

WPS 文字模板不仅能够提升工作效率，还可以快速应用模板中的设计和版式，创建出外观精美、版式标准、格式专业的文档，减少后期的排版工作量。

1. 本地模板

WPS 本地文字模板是指 WPS Office 中内置的包含固定格式设置和版式设置的模板文件，用于帮助用户快速生成特定类型的 WPS 文字文档。我们也可以用 WPS Office 设置自己的文字模板。

2. 网络模板

在计算机连接互联网的状态下，使用者可以根据使用要求和场景，通过不同条件的筛选或搜索，在 WPS 文字内选取网络模板。

3.4.2 样式及其应用

1. 样式的概念

样式是文档中文字的格式模板，在样式中已经预设了文本格式和段落样式。可通过将某种样式应用到某个特定的字符和段落中，从而方便文档版面的管理及后期调整。

利用样式，可以便捷高效地统一文档格式，辅助构建文档纲要，简化文档格式的编辑和修改操作，节省文档版式的调整时间。后期还可以借助样式，实现文档目录的自动生成。

2. 快捷样式库中的样式和自定义样式

WPS 文字提供有"快捷样式库"，我们进行文字编辑时可以直接将"快捷样式库"中的样式快速应用到文本中。如果"快捷样式库"中的样式不能满足我们的要求，我们也可以自己创建新的样式，这种自己创建的新样式被称为自定义样式。

3. 在文档中插入图片

1) 插入本地电脑上的图片

在 WPS 文字中可以插入来自外部的各类图片。将光标移至需要插入图片的位置，并点击鼠标左键以定位光标位置。点击"插入"选项卡中的"图片"按钮即可打开"插入图片"对话框。在对话框中选择指定文件夹内的所需图片后，点击"打开"按钮，即可完成插入图片的操作。

2) 通过手机传图插入图片

在 WPS 文字中，可以直接在不下载图片的前提下，将手机内的图片插入文档中，但此功能需联网使用。具体操作为：将光标移至文档中需要插入图片的位置，点击鼠标左键以定位光标位置；点击"插入"选项卡中"图片"右下方的下拉按钮，在弹出的对话框中点击"手机传图 (M)"选项；随后，系绘会弹出对话框并显示二维码，打开手机微信扫描该二维码后，手机即可自动登录WPS 小程序；点击手机屏幕上的选择图片，进入相册或者利用手机拍照功能上传照片；上传完成后回到文档所在终端，即可看到上传后的图片；双击该图片即可将其插入文档中。

3) 插入图标

WPS 文字中有大量不同行业及用途的图标，用户可以直接使用。具体操作为：将光标定位到需要插入图标的位置；点击"插入"选项卡中的"图标库"按钮，弹出"图标库"选项对话框；在对话框中，不同样式的图标被按照行业和用途进行了分类，用户可以根据需要进行选择，用户也可以在选项对话框内直接输入名称搜索所需图标；点击所需图标选项后即可查看该选项内的每个图标样式；点击适合的图标即可完成插入。

4) 屏幕截图

WPS 文字内置截屏功能，用户通过该功能可以快捷高效地在文档中插入屏幕画面，并且可以按照选定的范围以及设定的图形样式进行截图。具体操作为：将光标移到需要插入图片的位置，点击"插入"选项卡中"截屏"的下拉按钮，弹出下拉列表；在下拉列表中可选择不同形状的区域截图，确定后光标会变成彩虹三角形状；将光标移至需要截图的区域，长按左键并拖动鼠标即可截图。截图完成后，截图区域下方将出现浮动工具栏，点击浮动工具栏上的"√完成"即可将截取的图片插入文档。

4. 设置图片格式

1) 调整图片的样式

WPS文字提供了众多设置选项以满足用户对图片设置的需求，用户可以对图片进行裁剪、压缩、调整大小，还可以设置图片效果、图片与文字的环绕方式、对齐方式等。

具体方法操作为：选中需要设置样式和效果的图片；选择"图片工具"选项卡，并进入"图片样式"选项组，各选项可以调整图片的对比度和亮度、抠除图片背景、调整图片颜色和效果、设置图片轮廓。

2) 设置图片的文字环绕方式

为了让文字和图片达到相互印证的交互效果以及文档整体版式的美观，需要对文档中图片周围的文字设置环绕方式。可以设置的环绕方式包括：嵌入型(默认)、四周型环绕、紧密型环绕、衬于文字下方、浮于文字上方、上下型环绕、穿越型环绕。

3) 设置图片在页面上的位置

当图片的文字环绕方式为非嵌入式时，可以根据文档类型设置图片在页面的相对位置以达到更加合理的布局。具体操作为：选中图片，单击图片右边的"快速工具"栏中的"布局选项"按钮,在弹出的"布局选项"对话框中单击"查看更多…"按钮即可启动"布局"对话框来设置图片在页面的相对位置,如设置"对象随文字移动""锁定标记""允许重叠""表格单元格中的版式"等。

4) 去除图片背景

WPS文字提供抠除背景、设置透明色两种功能来满足去除图片背景的需要。

5) 设置图片大小

设置图片大小有不同方法：点击图片，当图片周围出现控制柄时，用鼠标直接拖动控制柄即可快速调整图片大小;启动"布局"对话框,在弹出的"布局"对话框中可精确改变图片的大小。

6) 压缩图片

点击图片，在"图片工具"选项卡中点击"压缩图片"按钮，可实现对图片的压缩和放大处理。

7) 裁剪图片

当图片过大，或者需要突出图片的主体时，可以将图片进行裁剪。具体操作方法为：选中需要裁剪的图片，点击"图片工具"选项卡；点击"裁剪"按钮，拖动图片四周的裁剪标记即可调整图片大小。

3.5　操 作 技 巧

3.5.1　图片技巧

看到一篇图文并茂的 WPS 文档，想把文档里所有的图片保存到自己的计算机里时，可以按照以下方法来操作：

打开该文档，执行"文件"→"另存为"命令；打开"另存为"对话框，在"文件名"内输入一个新的文件名，选择"保存类型"为"网页文件 (*.html；*.htm)"，单击"保存 (S)"按钮。这时会发现在保存的目录中多了一个文件夹。打开该文件夹，就会惊喜地发现，WPS 文档中的所有图片都在这个目录里保存着。

3.5.2　录入技巧

1. 叠字轻松输入

在汉字中经常遇到重叠字，比如"爸爸""妈妈""欢欢喜喜"等。在 WPS 中除了利用输入法实现快速输入叠字外，还可以使用另一种方法：通过 <Alt+Enter> 快捷键便可轻松输入叠字，如在输入"爸"字后，按 <F4> 键便可以再输入一个"爸"字。

2. 快速输入汉语拼音

在输入较多的汉语拼音时，可以采用另一种更为快捷的方法，即选中要添加拼音的汉字，在"开始"选项卡中，单击"拼音指南"按钮，在"拼音指南"对话框中单击"确定"按钮，即可实现快速输入汉语拼音。

3.6　拓 展 训 练

选择题

1. 在 WPS 文字中，不可以将文档直接输出为（　　）。

A. PDF 文件　　　　　　　　　B. 图片

C. 电子邮件正文　　　　　　　D. 扩展名为 .PPTX 的文件

2. 以下不属于 WPS 文字文档视图形式的是 (　　)。

A. 阅读版式视图 　　　　　　 B. 放映视图

C. Web 版式视图 　　　　　　 D. 大纲视图

3. 小吴需要制作一份发送给中国台湾客户的邀请信，在 WPS 文字中令文本以繁体中文格式呈现的最优操作方法是 (　　)。

A. 选用一款繁体中文输入法，然后使用该输入法输入邀请信的内容

B. 先输入邀请信的内容，然后通过 WPS 文字中内置的中文简繁转换功能将文字转换为繁体格式

C. 在计算机中安装繁体中文字库，然后将邀请信字体设为某一款繁体中文字体

D. 在 Windows "控制面板" 的 "区域和语言" 设置中，更改区域设置以实现繁体中文显示

4. 某公司秘书小莉经常需要用 WPS 文字编辑公文，她希望所录入的正文段首都能够空两个字符，最简捷的操作方法是 (　　)。

A. 在每次编辑公文前，先将 "正文" 样式修改为 "首行缩进 2 字符"

B. 每次编辑公文时，先输入内容然后选中所有正文文本将其设为 "首行缩进 2 字符"

C. 在一个空白文档中将 "正文" 样式修改为 "首行缩进 2 字符"，然后将当前样式集设为默认值

D. 将一个 "正文" 样式为 "首行缩进 2 字符" 的文档保存为模板文件，然后每次基于该模板创建新公文

5. 小马在一篇文档中创建了一个漂亮的页眉，她希望在其他文档中还可以直接使用该页眉格式，最优的操作方法是 (　　)。

A. 下次创建新文档时，直接从该文档中将页眉复制到新文档中

B. 将该文档保存为模板，下次可以在该模板的基础上创建新文档

C. 将该页眉保存在页眉文档部件库中，以备下次调用

D. 将该文档另存为新文档，并在此基础上修改即可

6. 小王在 WPS 文字中编辑一篇摘自互联网的文章，他需要将文档每行后面的手动换行符全部删除，最优的操作方法是 (　　)。

A. 在每行的结尾处，逐个手动删除

B. 长按 <Ctrl> 键依次选中所有手动换行符后，再按 <Delete> 键删除

C. 通过查找和替换功能删除

D. 通过文字工具删除换行符

任务4 邮件合并——听党话、感党恩、跟党走文艺晚会邀请函

4.1 任务简介

本任务要求学生利用 WPS Office 的邮件合并功能，完成邀请函的批量制作。"邀请函"效果图如图 4-1 所示。

▲ 图4-1 "邀请函"效果图

4.2 任务目标

本任务涉及的知识点主要有：主文档的创建、数据源的创建和编辑、邮件合并的操作方法。

学习目标：

- 掌握邮件合并的基本操作方法。
- 掌握利用邮件合并功能批量制作邀请函、信封、证书等文档的操作方法。
- 加强对批量处理文档操作方法的认识和理解，并能够合理地运用。

思政目标：

- 培养学生的爱国情怀和感恩意识。
- 培养学生大胆探索、敢于创造的精神。
- 培养学生精益求精的工匠精神。
- 培养学生的职业理想与职业道德。

4.3　任务实现

邀请函、录取通知书、荣誉证书等文档的共同特点是文档的形式和主要内容相同，但姓名等个别部分不同。此类文档经常需要批量打印或发送，使用邮件合并功能可以非常轻松地做好此类工作。

邮件合并的原理是将文档中相同的部分保存为一个文档，称为主文档；将不同的部分，如姓名、电话号码等保存为另一个文档，称为数据源；然后将主文档与数据源合并起来，形成用户需要的文档。

4.3.1　创建主文档

创建主文档

主文档的制作步骤如下。

(1) 启动 WPS，新建一个空白文档。在新建的空白文档中，选择"页面布局"选项卡，进行页面设置。将"纸张方向"设置为"纵向"，"纸张大小"设置为"A4"。

(2) 设置页面背景。选择"插入"选项卡，单击"图片"按钮，在弹出的选项框中选择"本地图片 (P)"，在提供的素材中选择"背景图片 .jpg"，如图 4-2 所示。

▲　图4-2　插入背景图片

(3) 单击选中插入的图片，在"图片工具"选项卡中，单击"环绕"按钮，在打开的下拉列表框中单击"衬于文字下方(D)"命令，如图 4-3 所示。调整图片大小，使图片边缘与页面的四周对齐。

▲ 图4-3　设置图片环绕方式

(4) 在页面的中上部插入一个横向文本框，在文本框内输入"邀请函"三个字，并设置"字体"为"黑体""加粗"，设置"字号"为"80"，"字体颜色"为"橙色"，"对齐方式"为"居中对齐"，如图 4-4 所示。

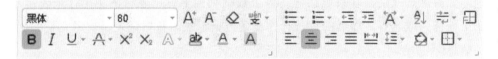

▲ 图4-4　设置"邀请函"字体格式

(5) 选中插入的横向文本框，选择"绘图工具"选项卡，单击"填充"按钮，选择"无填充颜色"，如图 4-5 所示。单击"轮廓"按钮，选择"无线条颜色"，如图 4-6 所示。调整文字位置。

▲ 图4-5　设置填充颜色

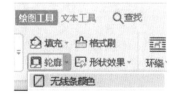

▲ 图4-6　设置轮廓颜色

(6) 在文字"邀请函"下方插入一个横向文本框，输入邀请函上的其他文字，并设置字体为"隶书"，"字号"为"20""加粗"，"字体颜色"为"橙色"，如图 4-7 所示。将文本框的"填充"和"轮廓"设置为"无填充颜色"和"无线条颜色"。文字输入完成后的效果图如图 4-8 所示。

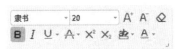

▲ 图4-7　设置文字字体格式　　　　　▲ 图4-8　文字输入完成后的效果图

(7) 单击"文件"→"另存为"按钮,文件类型选择"WPS 文字 文件 (*.wps)", 将文件命名为"邀请函模板 .wpt"进行保存。

4.3.2　创建数据源

创建数据源

数据源可以看成是一张简单的二维表格,表格中的每一列对应一个信息类别,如姓名、性别、联系电话等。各个数据列的名称由表格的第 1 行来表示,第 1 行称为域名行,随后的每一行为一条数据记录。数据记录是一组完整的相关信息。

利用 Excel 工作簿建立一个二维表,输入相关数据,并以"邀请人员名单 .xlsx"的格式进行保存,如图 4-9 所示。

	A	B	C	D	E
1	序号	姓名	称呼	所在城市	邮箱
2	1	张三	先生	贵阳	910849564@qq.com
3	2	李明	先生	铜仁	18292740334@163.com
4	3	张红	女士	贵阳	910849522@qq.com
5	4	刘梅	女士	广东	1564123945@qq.com
6	5	王小	先生	凯里	1564123845@qq.com
7	6	李帅	先生	遵义	6568954@qq.com
8	7	张华	女士	贵阳	454874435@qq.com

▲ 图4-9　邀请人员名单二维表

4.3.3　利用邮件合并批量制作邀请函

利用邮件合并
批量制作邀请函

创建好主文档和数据源后,可以进行邮件合并,操作步骤如下。

(1) 打开名为"邀请函模板 .wpt"的主文档,在主文档中选择"引用"选项卡,单击"邮件"按钮,如图 4-10 所示。打开"邮件合并"任务窗口,如图 4-11 所示。

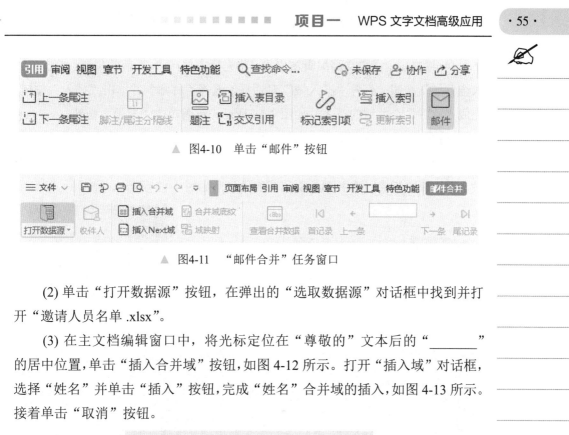

▲ 图4-10　单击"邮件"按钮

▲ 图4-11　"邮件合并"任务窗口

(2) 单击"打开数据源"按钮，在弹出的"选取数据源"对话框中找到并打开"邀请人员名单 .xlsx"。

(3) 在主文档编辑窗口中，将光标定位在"尊敬的"文本后的"_____"的居中位置，单击"插入合并域"按钮，如图 4-12 所示。打开"插入域"对话框，选择"姓名"并单击"插入"按钮，完成"姓名"合并域的插入，如图 4-13 所示。接着单击"取消"按钮。

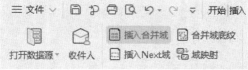

▲ 图4-12　单击"插入合并域"按钮

▲ 图4-13　插入"姓名"合并域　　▲ 图4-14　插入"称呼"合并域

(4) 同样的，在主文档编辑窗口中，将光标定位在"："前的位置，单击"插入合并域"按钮，打开"插入域"对话框，选择"称呼"并单击"插入"按钮，完成"称呼"合并域的插入，如图 4-14 所示。接着单击"取消"按钮。

(5) 单击"合并到新文档"按钮，如图 4-15 所示。打开"合并到新文档"对话框，勾选"全部"复选框并单击"确定"按钮，如图 4-16 所示。此时所有的记录都被合并到新文档中，合并到新文档后的效果图如图 4-17 所示。

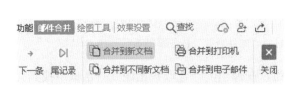

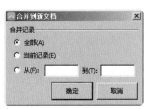

▲ 图4-15　单击"合并到新文档"按钮　　　　▲ 图4-16　插入"称呼"合并域

▲ 图4-17　合并到新文档后的效果图

(6) 将合并后的新文档以"合并后的邀请函 .wps"的格式进行保存。

4.3.4　打印邀请函

打印邀请函

打印邀请函有以下两种方法：

(1) 在"邮件合并"完成合并域后，在其任务窗格中单击"合并到打印机"按钮，在对话框中进行所需的设置，完成后单击"确定"按钮即可。

(2) 打开"合并后的邀请函 .wps"，单击"打印 (Ctrl+P)"按钮，在"打印"对话框中进行相应设置，点击"确定"，即可进行打印。

4.3.5　任务小结

通过 WPS Office 的邮件合并功能，可以轻松地批量制作邀请函、贺年卡、荣誉证书、录取通知书、工资单、信封和准考证等文档。

邮件合并的操作共分 4 步：

(1) 创建主文档。

(2) 创建数据源。

(3) 在主文档中插入合并域。

(4) 执行合并操作。

4.4　相关知识

1. 邮件合并的概念

邮件合并是 WPS 文字中一种可以将数据源批量引用到主文档中的功能。通过该功能，可以将不同源的数据统一合并到主文档中，并与主文档中的内容相结合，最终形成一系列版式相同、数据不同的文档。

2. 邮件合并的功能

邮件合并的功能主要包含以下 5 个部分：主文档、数据源、合并域、Next 域以及查看合并数据。

1) 主文档

主文档是这类文档的"底版"，也是所引用数据的载体文档。在主文档中有文本内容，这些文本内容的版式和格式都是固定的，比如邀请函的开头敬语、主题内容、落款等。

2) 数据源

数据源是主文档所引用的数据列表，通常情况下，该列表是以表格形式存在的。合并到主文档中的数据都在该列表内，例如姓名、电话号码、时间、部门、职务等数据字段。

3) 合并域

在主文档中插入的一系列指令统称为合并域，用于插入在每个输出文档中都要发生变化的文本，比如姓名、昵称、公司、部门、职务等。

4) Next 域

Next 域也是一种指令，主要解决邮件合并中的换页问题。例如，当一页需要显示 N 行时，则需要插入 N-1 个 Next 域。

5) 查看合并数据

当完成所有数据源的引用和插入后，最终文档是一份可以独立存储或者输出的 WPS 文档，但此时该文档中所有引用和插入的数据源都是以"域"的形式存在的，通过"查看合并数据"可以将文档中的"合并域"转换为实际数据，以便查看域的显示情况。

通过邮件合并功能将主文档和数据源结合在一起，可形成一系列可独立存储和输出的最终文档。通常情况下，数据源中有多少条数据记录，就可以生成多少份最终结果，但是最终生成的结果数也取决于主文档中需要实际引用的文本数量。

4.5　操作技巧

4.5.1　编辑技巧

清除WPS文档中多余的空行

如果 WPS 文档中有很多空行，用手工逐个删除太累，直接打印又浪费墨粉和打印纸。这时可以用 WPS 自带的替换功能来进行处理，具体操作方法如下。

在 WPS 文档中，选择"开始"选项卡，单击"查找 / 替换"按钮；在下拉列表中选择"替换"命令；在弹出的"查找和替换"对话框中，单击"特殊格式"按钮；单击下拉菜单中的"段落标记"选项，这时会看到"^P"出现在文本框内，然后再输入一个"^P"；在"替换为"文本框中输入"^P"，即用"^P"替换"^P^P"；然后点击"全部替换"按钮；若还有空行则反复执行"全部替换"，多余的空行就会不见了。

4.5.2　排版技巧

在用 WPS 文档排版时，对于既有封面又有"页号"的文档，用户一般会在"页面设置"对话框中选择"版式"选项卡的"首页不同"选项,以保证封面不会打印出"页号"。但是存在一个问题:在默认情况下,"页号"是从第 2 页开始显示的。怎样才能让"页号"从第 1 页开始呢?

方法很简单,即在"插入"选项卡中单击"页眉和页脚"按钮,进入"页眉和页脚"编辑状态,单击页脚处,在弹出的选项中单击"重新编号"按钮,将"页码编号"设为"1"即可。

■ 4.6 拓 展 训 练

选择题

1. 在 WPS 文字中,邮件合并功能支持的数据源不包括(   )。

A. WPS 文字数据源

B. WPS 表格工作表

C. WPS 演示文稿

D. HTML 文件

2. 小王计划邀请 30 位客户参加答谢会,并为客户发送邀请函。快速制作 30 份邀请函的最优操作方法是(   )。

A. 发动同事帮忙制作邀请函,每个人写几份

B. 利用 WPS 文字的"邮件合并"功能自动生成

C. 先制作好一份邀请函,然后复印 30 份,在每份上添加客户名称

D. 先在 WPS 文字中制作一份邀请函,通过复制、粘贴功能生成 30 份,然后分别添加客户名称

任务5 长文档编辑——办公软件高级应用课程标准

5.1 任务简介

本任务要求利用 WPS 提供的相关技术，完成办公软件高级应用课程标准文档的排版，其效果图如图 5-1 所示。

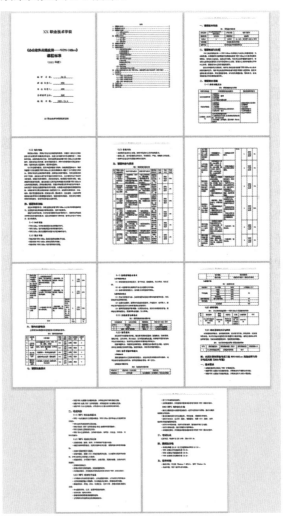

▲ 图5-1 办公软件高级应用课程标准效果图

5.2 任 务 目 标

本任务涉及的知识点主要有：文档结构图的使用方法、页面设置、样式的创建和应用、图表编辑、分节符的使用、页眉页脚的设置和目录的生成等基本操作方法。

学习目标：

- 掌握文档结构图的使用方法。
- 掌握页面设置的方法。
- 掌握样式的创建方法。
- 掌握样式的应用方法。
- 掌握图、表的编辑方法。
- 掌握分节符的使用方法。
- 掌握页眉、页脚的设置方法。
- 掌握目录的生成方法。

思政目标：

- 培养学生严谨负责的职业道德观。
- 培养学生追求卓越、精益求精的工匠精神。
- 培养学生自主学习及自我管理的能力。
- 培养学生勤于思考、主动创新的精神。
- 培养学生的沟通能力与团队协作精神。

5.3 任 务 实 现

5.3.1 任务需求

本任务需要使用 WPS 对办公软件高级应用课程标准文档进行编辑和排版。

任务需求

具体要求如下。

1. 课程标准文档的组成

课程标准文档包括封面、目录、正文和附件等部分。各部分的标题均采用正文中一级标题的样式。

2. 课程标准文档中各组成部分的正文要求

课程标准文档各组成部分的正文格式要求为：中文字体为"宋体"，西文字体为"Times New Roman"，字号均为"小四号"，首行缩进"2字符"；除已说明的行距外，其他正文的行距均采用"1.25倍行距"。如有公式，行间距会不一致，在设置段落格式时，需取消对"如果定义了文档网格，则与网格对齐(W)"选项的选择。

3. 封面的要求

课程标准文档的封面可搜集相关的封面模板，并根据需要做必要的修改，封面中不书写页码。

4. 目录的要求

课程标准文档的目录可自动生成，设置字号为"小四"，对齐方式为"右对齐"。

5. 课程标准"文档"正文中各级标题的要求

(1) 一级标题：设置字体为"黑体"，字号为"三号、加粗"，对齐方式为"左对齐"，段前、段后间距分别为"1行"和"0.5行"，行距为"单倍行距"。当设置一级标题的样式时，其大纲级别设置为1级。

(2) 二级标题：设置字体为"楷体"，字号为"四号、加粗"，对齐方式为"左对齐"，段前、段后间距均为"0.5行"，行距为"单倍行距"。当设置二级标题的样式时，其大纲级别设置为2级。

(3) 三级标题：设置字体为"楷体"，字号为"小四、加粗"，对齐方式为"左对齐"，首行缩进的度量值为"2字符"，段前、段后间距均为"0.5行"，行距为"单倍行距"。当设置三级标题的样式时，其大纲级别设置为3级。

6. 课程标准文档中表格的要求

课程标准文档中表格的要求为：设置对齐方式为"居中对齐"；单元

格中的内容的对齐方式为"居中对齐"，中文字体为"宋体"，西文字体为"Times New Roman"，字号均为"五号"；每张表格有表序和表题，并在表格正上方居中。表序用如"表 1……"的格式，并在其后空两格书写表题；设置表名的中文字体为"宋体"，西文字体为"Times New Roman"，字号为"五号"。

7. 页面设置

课程标准文档中的页面设置要求为：设置纸张大小为"A4"，上、下页边距设置为"2.54 厘米"，左、右页边距分别设置为"3.17"和"2.54 厘米"；装订线为"0.5 厘米"；页眉、页脚距边界为"1 厘米"。

8. 页眉的要求

课程标准文档中页眉的要求为：设置中文为"宋体"，字号为"小五号"；行距采用"单倍行距"，对齐方式为"居中对齐"。在正文奇数页的页眉中书写题目"《办公软件高级应用 —— WPS Office》课程标准"，偶数页书写"×× 职业技术学院信息工程系"。

9. 页脚的要求

课程标准文档中页脚的要求为：设置中文为"宋体"，字号为"小五号"；行距采用"单倍行距"，对齐方式为"居中对齐"；页脚中显示当前页的页码；从正文开始，页码使用阿拉伯数字，且连续编号。

5.3.2　使用文档结构图

使用文档结构图

对于办公软件高级应用课程标准这类长文档，可以打开文档结构图对文档的层级进行查看，并可通过单击文档中的各个标题快速定位到文档中的相应位置进行编辑。下面在"'办公软件高级应用—— WPS Office'课程标准 .wps"文档中使用文档结构图。操作步骤如下。

切换"视图"选项卡，单击"导航窗格"按钮，文档结构图如图 5-2 所示。通过单击"目录"窗格中的各个标题可以快速定位到文档中的相应位置。

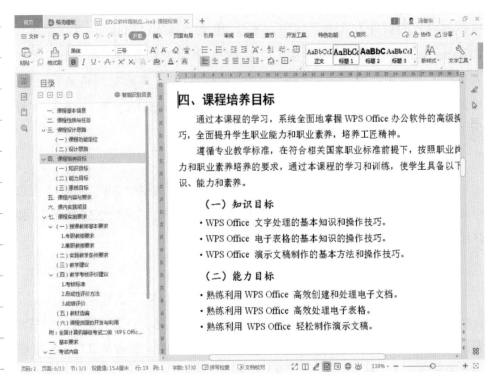

▲ 图5-2　文档结构图

5.3.3　设置页面

通过页面设置，可以直观地看到页面中的内容和排版是否适宜，避免打印后再修改。毕业论文的页边距、装订线、纸张方向、纸张大小、页眉和页脚以及文档行数、字符数等参数都是在"页面设置"对话框中设置的。长文档页面设置的操作步骤如下。

(1) 打开未排版的办公软件高级应用课程标准"原稿 .wps"，切换到"页面布局"选项卡，单击"页面设置"功能组中的"页边距"按钮，在下拉列表中选择"自定义页边距"，打开"页面设置"对话框；在"页边距"选项卡中设置上、下页边距为"2. 54 厘米"，左、右页边距分别设置为"3.17 厘米"和"2.54 厘米"；"装订线宽 (G)"设置为"0.5 厘米"，纸张"方向"设置为"纵向"，如图 5-3 所示。

(2) 切换到"纸张"选项卡，设置"纸张大小"为"A4"。

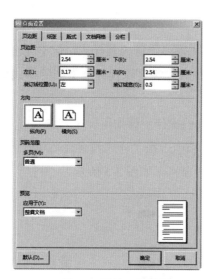

▲　图5-3　页边距的设置

(3) 切换到"版式"选项卡，选中"页眉和页脚"栏中的"奇偶页不同"复选框，将"页眉""页脚"距边界的数值都设置为"1 厘米"，如图 5-4 所示。

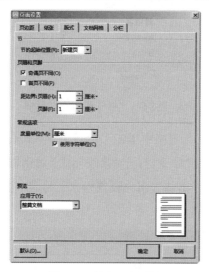

▲　图5-4　页眉、页脚的设置

(4) 在"文档网格"选项卡中，选中"网格"栏的"无网格 (N)"单选按钮。
(5) 单击"确定"按钮，完成对文档的页面设置。

5.3.4　创建样式

样式就是已经命名的字符和段落格式，它规定了文档中标题、正文等各个文本元素的样式。为了使整个文档具有统一的风格，相同的标题应该具有相同

创建样式

的样式设置。

虽然 WPS 提供了"标题 1"等内置样式，但不完全符合课程标准文档的要求，所以需要修改内置样式以满足课程标准文档的格式要求，并将新样式应用到课程标准文档中。

修改"标题 1"样式的操作步骤如下。

(1) 单击"开始"选项卡，在"样式和格式"功能组中，单击右下角的按钮，打开"样式和格式"窗格，如图 5-5 所示。

▲ 图5-5 "样式和格式"窗格

(2) 在"样式和格式"窗格中单击"标题 1"样式右侧的下拉箭头，在弹出的下拉菜单中选择"修改"命令，打开"修改样式"对话框，如图 5-6 所示。在"格式"栏中将字体设置为"黑体"，字号设置为"三号、加粗"，对齐方式设置为"左对齐"。

▲ 图5-6 修改"标题1"样式

(3) 单击对话框中的"格式 (O)"按钮,在弹出的菜单中选择"段落 (P)"命令,打开"段落"对话框。设置段落"段前""段后"间距分别为"1 行"和"0.5 行";"行距"为"单倍行距"。设置完成后,单击"确定"按钮,回到"修改样式"对话框后单击"确定"按钮,完成对"标题 1"样式的修改。

(4) 用同样的方法,在样式和格式窗格中找到"标题 2""标题 3"样式,分别按课程标准文档的要求对这些样式进行修改。

(5)"正文"样式是 WPS 中最基础的格式,不要轻易修改它,一旦它被改变,将会影响所有基于"正文"样式的其他样式的格式。为此,需要创建课程标准文档正文中使用的样式。具体操作步骤如下。

① 单击"样式和格式"窗格中的"新样式"按钮,如图 5-7 所示。打开"新建样式"对话框,如图 5-8 所示。

▲ 图5-7 "新样式"按钮

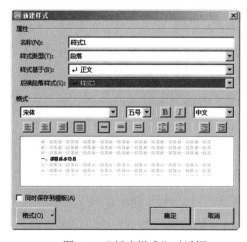

▲ 图5-8 "新建样式"对话框

应用样式

② 在"名称 (N)"文本框中输入样式名称"课程标准正文",在"后续段落样式 (S)"下拉列表框中选择"课程标准正文"选项。

③ 单击对话框左下角的"格式"按钮,在弹出的菜单中依次选择"字体 (F)"和"段落 (D)"菜单命令,在打开的对话框中按课程标准编写格式要求分别设置课程标准正文的字体和段落样式。在"段落"对话框的"缩进和间距"选项卡中取消对"如果定义了文档网格,则与网格对齐"复选框的选择。

(6) 用同样的方法,新建"图、表标题""表格"等样式。

5.3.5　应用样式

使用分节符

样式应用的操作步骤如下。

(1) 选中需要设置为一级标题的文本,如"一、课程基本信息",之后单击"样式和格式"窗格中"标题 1"样式。这样"一、课程基本信息"就应用了"标题 1"样式。

(2) 使用同样的方法将"附：……"设置成"标题 1"样式。

(3) 将"(一)……"等设置成"标题 2"样式。

(4) 将"1.……"等设置成"标题 3"样式。

(5) 将"课程标准正文"样式应用到相应文档。

(6) 将"图、表标题""表格"等样式应用到相应文档。

5.3.6　使用分节符

节是文档格式化的最大单位,只有在不同的节中,才可以设置与前面文本不同的页眉、页脚、页边距、页面方向、文字方向或分栏版式等格式。为了使文档的编辑排版更加灵活,用户可以将文档分割成多个节,以便对同一个文档中不同部分的文本进行不同的格式化。 在新建文档时,WPS 将整篇文档默认为是一个节。

节与节之间用一个双虚线作为分界线,称为分节符。分节符表示在一个节的结尾处插入标记,是一个节的结束符号,在分节符中存储了分节符之上整个节的文本格式,如页边距、页眉和页脚等。分节符表示一个新节的开始。

任务中,课程标准文档的格式要求设置不同的页眉、页脚,所以必须将文档分成多个节。插入分节符的要求为：在封面、目录这 2 页的内容结尾处分别插入"奇数页"分节符；操作步骤如下。

(1) 切换到"开始"选项卡，单击"段落"功能组中的"显示 / 隐藏段落标记"按钮，如图 5-9 所示。这样可以看到插入后的分节符。

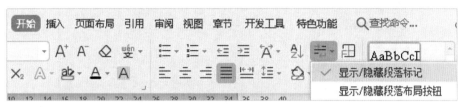

设置页眉和页脚

▲ 图5-9 "显示/隐藏段落标记"按钮

(2) 将光标置于封面结尾处，在"页面布局"选项卡中，单击"页面设置"功能组中的"分隔符"按钮，在下拉列表中选择"下一页分节符"。

(3) 单击"页面设置"功能组中的"分隔符"按钮，在下拉列表中选择"奇数页分节符"。在出现的空白页的首行输入文字"目录"，之后按 <Enter> 键。

至此，课程标准文档分节完成。

5.3.7 设置页眉和页脚

1. 设置页眉

按照课程标准文档对页眉的格式要求，除封面、目录不需要设置页眉外，其他部分的奇数页页眉内容为"'办公软件高级应用——WPS Office'课程标准"，偶数页页眉内容为"××职业技术学院信息工程系"。操作步骤如下。

(1) 将插入点移至第 3 页正文处，切换"章节"选项卡，单击"页眉和页脚"按钮，在弹出的"页眉 / 页脚设置"对话框中勾选"奇偶页不同"复选框，并取消"页眉 / 页脚同前节"选项中复选框的勾选，最后单击"确定"按钮，如图 5-10 所示。

(2) 在奇数页页眉输入文字"办公软件高级应用——WPS Office课程标准"。单击"页眉和页脚"选项卡中"显示后一项"按钮，将插入点移至偶数页的页眉处，输入文字"××职业技术学院信息工程系"，切换"开始"选项卡，单击"右对齐"按钮。

(3) 切换"页眉和页脚"选项卡，单击"关闭"按钮，完成对页眉的设置。

▲ 图5-10　勾选"奇偶页不同"复选框

注意：本任务不需分节，可将刚分节的分节符的内容进行删除。

2. 设置页脚

按照课程标准文档对页脚的格式要求，封面、目录页不出现页码，从正文开始，使用阿拉伯数字对页码进行连续编号。操作步骤如下。

(1) 将插入点移至第3页正文处，切换"章节"选项卡，单击"页眉和页脚"按钮，进入页眉的编辑状态，将插入点移至页脚区。

(2) 单击页脚处"插入页码"按钮，在弹出的对话框中，设置样式为"1，2，3…"，设置"位置"为"居中"，设置"应用范围"为"整篇文档"，单击"确定"按钮关闭对话框，如图5-11所示。

(3) 点击页脚处"重新编号"按钮，将对话框中"页码编号"设置为"1"。

(4) 单击"关闭"按钮，完成对页脚的设置。

▲ 图5-11　"插入页码"对话框

5.3.8　生成目录

目录一般位于文字图书的封面或前言之后，并且单独占一页。对于定义了多级标题样式的文档，可以通过 WPS 文字的索引和目录功能提取目录。操作步骤如下。

(1) 将插入点定位在目录的空白页。

(2) 切换到"引用"选项卡中，单击"目录"按钮，在下拉列表中选择 3 级的目录选项，如图 5-12 所示，完成目录的自动生成，最终效果如图 5-13 所示。

生成目录

▲ 图5-12　"目录"按钮

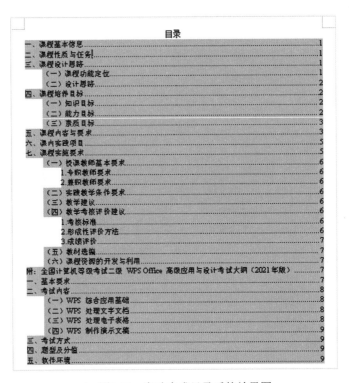

▲ 图5-13 自动生成目录后的效果图

注意：当课程标准文档中的内容或页码发生变化时，目录需要及时更新，此时，可在目录的任意位置单击鼠标右键，从弹出的快捷菜单中选择"更新域"命令，打开"更新目录"对话框，如图5-14所示。如果只是页码发生改变，可选择"只更新页码"单选按钮。如果有标题内容的改变，可选择"更新整个目录"单选按钮，也可按<F9>键进行更新。

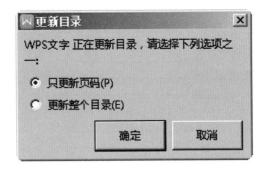

▲ 图5-14 "更新目录"对话框

5.3.9 任务小结

通过学习课程标准文档的排版，我们对文档结构图的使用方法、页面设置、样式的创建与应用、图表的编辑、分节符的使用、页眉和页脚的设置、目录的生成等操作方法有了深入的了解。在日常工作中经常会遇到许多长文档，如毕业论文、企业招标书、员工手册等，掌握了 WPS 的操作方法后，我们对长文档的排版和编辑就可以做到游刃有余了。

当长文档中多次出现使用错误的词语时，若逐一修改将花费大量时间，而且难免会出现遗漏，此时可以使用"开始"选项卡的"查找／替换"按钮对错误的词语进行修改。需要注意的是，在查找中可以使用通配符号"*"和"?"实现模糊查找。

5.4 相关知识

1. 什么是长文档

长文档通常是指那些文字内容较多，篇幅相对较长，文档层次结构相对复杂的文档。例如一本科技图书、一篇正规的商业报告、一份软件使用说明书等，都是典型的长文档。

通常一篇正规的长文档是由封面、目录、正文、附录组成的 (至少要有目录与正文)。如果要撰写一本书，还包括扉页、序言、参考文献等部分。

2. 多视图查看长文档

在 WPS 文字中可以设置不同的文档视图以满足不同场景下对文档的不同审阅需求，帮助用户轻松完成长文档的编辑工作。

1) Web 版式

Web 版式是指以网页形式查看文档。点击"视图"选项卡进入"文档视图"选项组，点击"Web 版式"即可切换到 Web 版式。当文档需要在网页上展示时，可以利用"Web 版式"视图模式查看展示效果。

2) 大纲视图

大纲视图是指以大纲形式查看文档。进入大纲视图时，文档将自动以大纲目录的形式展示出来。同时也可以在"大纲视图菜单"中对文档的结构和内容进行管理。用户可以设置文本的级别，或者通过对文本进行上下移动来实现对文档结构的调整。调整完成后点击"关闭"按钮或者按 <Esc> 键退出"大纲视图"模式。当想要快速了解文档的内容结构、目录层级时可使用"大纲视图"模式。

3) 全屏显示

当文档需要展示时，可以使用"全屏显示"模式。在该模式下，系统会自动隐藏 WPS 文字的功能按钮，从而确保在查阅文档时无视觉干扰，用户可以更好地将注意力聚焦于文档内容本身。

4) 阅读版式

进入"阅读版式"模式后，文档将自动锁定页面以限制内容输入，但用户可在文档中做复制、标注以及突出显示设置、查找和目录导航等操作。

5) 护眼模式

WPS 文字中的"护眼模式"可通过自动设置文档页面的颜色（该颜色并不是文档本身的底纹颜色）来调节文档页面的亮度，从而达到缓解眼疲劳、保护视力的效果。

3. 多窗口对比文档

如果要将同一篇长文档中的不同章节和页面内容进行比对，或者是将不同的多个文档进行比对时，用户可利用 WPS 文字的窗口拆分功能。这一功能不仅可以让多个文档在同一个窗口里并排显示，而且还可以将当前窗口一拆为二，方便同时查看同一份文档的不同内容，很好地解决了传统方法带来的对比效果不直观、容易造成疏漏等问题。

4. 文档分页、分节与分栏

将一篇长文档中不同版面、不同章节的内容进行分页、分节和分栏操作，可以让文档的架构条理更加清晰明确，版面更加美观，文档整体布局更合理。

文档的分页、分节与分栏有以下有两种方法。

1) 手动分页

当文档的一页写满后，文档会自动进行分页。如果在编辑过程中需要将文档不同部分的内容单独写入一页时，一般我们会用"敲回车、挤段落"的方式让新文本内容跳转至新页面。如果采用 WPS 文字提供的分页符进行手动分页，可以大大提高工作效率，具体操作方法为：将光标定位到文档中需要分页的位置；点击"页面布局"选项卡中的"分隔符"下拉按钮；打开"分隔符"下拉列表，点击"分页符"选项，即可将所定位置后面部分的文档内容调整至新页面中。

2) 文档分节

在默认情况下，WPS 文字将整个文档视为一节，所有对文档的设置都是应用于整篇文档的。当遇到文档中每节的页面需要进行单独的页面设置时（如单独插入一页横向的页面），用户可以通过在文档中插入分节符的方式来实现设置效果，具体操作方法为：将光标定位在所需位置，在"页面布局"选项卡点击"分隔符"下拉按钮，或者在"章节"选项卡中点击"新增节"下拉按钮，展开相应的下拉列表后，在下拉列表中选择需要的分节符即可。

WPS 文字中提供了 4 种类型的分节符：包括"下一页分节符"（分节符后的内容将自动换页至新页面），"连续分节符"（分节符的前后节可以同处于一个页面，不会自动分页），"偶数页分节符"（分节符后面的内容自动转入下一个偶数页，分节和分页同时进行，且新节从文档的偶数页面开始），"奇数页分节符"（分节符后面的内容自动转入下一个奇数页，分节和分页同时进行，且新节从文档的奇数页面开始）。

5.5　操作技巧

5.5.1　排版技巧

1. 制作水印

WPS 具有添加水印（文字类型水印与图片类型水印）的功能，并且能够随意设置水印的大小、位置等。

水印的制作方法如下。

(1) 切换到"页面布局"选项卡，单击"背景"按钮，在弹出的下拉菜单中选择"水印"选项，打开"水印"对话框。

(2) 在该对话框中选择"自定义水印"选项，单击"点击添加"按钮；打开"水印"对话框，在对话框中勾选"文字水印"复选框，然后在"内容"文本栏中输入文字。若在"水印"对话框中选择"图片水印"复选框，则需点击"选择图片 (P)"按钮，在弹出的"选择图片"对话框中找到要作为水印的图片，选中图片后，点击"打开"按钮，"预览"选项中便出现水印的预览画面，可在左侧的选项组中调整图片的参数。

(3) 单击"确定"按钮，水印就会出现在文字背后。

2. 显示分节符

插入分节符之后，用户很可能会看不到它。因为在默认情况下，处于"页面"视图模式下是看不到分节符的。这时，用户可以单击"文件"选项卡，单击"选项"按钮，打开"选项"对话框，在对话框中单击"视图"选项，在右窗口"格式标记"组中勾选"全部"复选框，让分节符显现。

5.5.2 长文档技巧

1. 在WPS中同时编辑文档的不同部分

一篇长文档在显示器屏幕上不能同时显示出来，但有时因实际需要又要同时编辑同一文档中相距较远的几部分。怎样同时编辑文档的不同部分？

具体操作方法如下：

首先打开需要显示和编辑的文档，如果文档窗口处于最大化状态，就要单击文档窗口中的"还原"按钮，然后选择"视图"→"窗口"→"新建窗口"按钮，屏幕上立即会产生一个新窗口，显示的也是这篇文档，这时就可以通过窗口切换和窗口滚动操作，使不同的窗口显示同一文档不同位置的内容，以便阅读和编辑修改。

2. WPS文档目录巧提取

在编辑完成有若干章节的一篇长文档后，如果需要在文档的开始处加上章节目录，该怎么办？如果对文档中的章节标题应用了相同的格式，比如定义的格式是黑体、二号字，那么有一个提取章节标题的简单方法。

具体操作方法如下。

(1) 单击"开始"→"编辑"→"查找"按钮，打开"查找和替换"对话框。

(2) 选择"查找"内容框，单击"格式"按钮，从列表中执行"字体"命令，在"中文字体"框中选择"黑体"，在"字号"框中单击"二号"，单击"确定"按钮。

(3) 单击"突出显示查找内容"按钮，在弹出的下拉菜单中选择"全部突出显示"选项。

此时，WPS将查找所有指定格式的内容，在本例中，就是所有具有相同格式的章节标题了。然后选中所有突出显示的内容，这时就可以使用"复制"命令来提取它们，最后使用"粘贴"命令把它们插入文档的开始处。

3. 快速查找长文档中的页码

在编辑长文档时，若要快速查找到文档的页码，可切换到"开始"选项卡，单击"查找和替换"按钮，在弹出的下拉菜单中选择"定位"按钮，打开"查找和替换"对话框，在"定位"选项卡的"定位目标"框中单击"页"，在"输入页号"文本框中键入所需页码，然后单击"定位"按钮即可。

5.6　拓展训练

一、选择题

1. 张编辑休假前正在审阅一份书稿，他希望回来上班时能够快速找到上次编辑的位置。在 WPS 文字中最优的操作方法是 (　　)。

A. 打开书稿时，直接通过滚动条找到该位置

B. 记住一个关键词，打开书稿时，通过"查找"功能找到该关键词

C. 记住当前页码，打开书稿时，通过"查找"功能定位页码

D. 在当前位置插入一个书签，通过"查找"功能定位书签

2. 使用 WPS 文字撰写包含若干章节的长篇论文时，若要使各章内容自动从新的页面开始，最优的操作方法是 (　　)。

A. 在每章结尾处连续按回车键使插入点定位到新的页面

B. 在每章结尾处插入一个分页符

C. 依次将每章标题的段落格式设为"段前分页"

D. 将每章标题指定为标题样式，并将样式的段落格式修改为"段前分页"

3. 学生小钟正在 WPS 文字中编排自己的毕业论文，他希望将所有应用了"标题 3"样式的段落修改为 1.25 倍行距、段前间距设置为 12 磅，最优的操作方法是 (　　)。

A. 修改其中一个段落的行距和间距，然后通过格式刷复制到其他段落

B. 逐个修改每个段落的行距和间距

C. 直接修改"标题 3"样式的行距和间距

D. 选中所有"标题 3"段落，然后统一修改其行距和间距

4. 要为 WPS 文字格式的论文添加索引，如果索引项已经以表格的形式保存在另一个 WPS 文字文档中，最快捷的操作方法是 (　　)。

A. 在论文中逐一标记索引项，然后插入索引

B. 在论文中使用自动标记功能批量标记索引项，然后插入索引

C. 直接将另一个 WPS 文档中的索引项复制到论文中

D. 在论文中使用自动插入索引功能，从另外保存 WPS 文字索引项的文件中插入索引

5. 小张完成了毕业论文，现需要在正文前添加论文的目录以便检索和阅读，最优的操作方法是 (　　)。

A. 利用 WPS 文字提供的"手动目录"功能创建目录

B. 直接输入作为目录的标题文字和相对应的页码创建目录

C. 将文档的各级标题设置为内置标题样式，然后基于内置标题样式自动插入目录

D. 不使用内置标题样式，而是直接基于自定义样式创建目录

6. 小张将毕业论文设置为两栏页面布局，现需在分栏之上插入一个横跨两栏内容的标题，最优的操作方法是 (　　)。

A. 在两栏内容之前空出几行，打印出来后手动写上标题

B. 在两栏内容之上插入一个分节符，然后设置论文标题位置

C. 在两栏内容之上插入一个文本框，输入标题，并设置文本框的环绕方式

D. 在两栏内容之上插入一个艺术字标题

7. 大华使用 WPS 文字对一份书稿进行排版，书中已为各级标题分别应用了内置的"标题 1、标题 2、标题 3…"等样式。由于章节重新安排，他需要将原稿中所有标题 2 降级为标题 3，且其下属标题也同时降低一个级别，最优的操作方法是 (　　)。

A. 在普通视图中，依次为标题 2 及其下级标题重新应用对应的样式

B. 在大纲视图中，对标题 2 及下属标题统一进行降级操作

C. 在普通视图中，通过"开始"选项卡上的"增加缩进量"按钮依次调整标题 2 及下属标题的级别

D. 在大纲视图中，通过定义并应用多级符号列表来快速调整标题 2 及下属标题的级别

8. 李编辑正在 WPS 文字中对一份书稿进行排版，他希望每一章的页码均从奇数页开始，最优的操作方法是 (　　)。

A. 在每一章前插入"奇数页分页符"

B. 在每一章前插入"奇数页分节符"

C. 在每一章前插入"偶数页分节符"

D. 在每一章前插入分页符，若非奇数页开始，则插入一个空白页

9. 小华利用 WPS 文字编辑一份书稿，出版社要求目录和正文的页码分别采用不同的格式，且均从第 1 页开始，最优的操作方法是 (　　)。

A. 将目录和正文分别存在两个文档中，分别设置页码

B. 在目录与正文之间插入分节符，在不同的节中设置不同的页码

C. 在目录与正文之间插入分页符，在分页符前后设置不同的页码

D. 在 WPS 文字中不设置页码，将其转换为 PDF 格式时再增加页码

10. 在一篇 WPS 文字文档中插入了若干表格，如果希望将所有表格中文本的字体及段落设置为统一格式，最优的操作方法是 ( )。

A. 定义一个表样式，并将该样式应用到所有表格

B. 选中所有表格，统一设置其字体及段落格式

C. 设置第一个表格文本的字体及段落格式，然后通过格式刷将格式应用到其他表格中

D. 逐个设置表格文本的字体和段落格式，并使其保持一致

二、操作题

打开本任务文件夹中"拓展训练"文件夹下的素材文档"WPS.docx"(.docx 为文件扩展名)。后续操作均基于此文件。

1. 张三同学撰写了硕士毕业设计论文 (论文已做脱密和结构简化处理)，请帮其完善论文排版工作。

(1) 设置文档属性摘要的标题为"工学硕士学位论文"，作者为"张三"。

(2) 设置上、下页边距均为 2.5 厘米，左、右页边距均为 3 厘米，页眉、页脚距边界均为 2 厘米；设置"只指定行网格"，且每页 33 行。

2. 对文中使用的样式进行如下调整：

(1) 将"正文"样式的中文字体设置为宋体，西文字体设置为 Times New Roman。

(2) 将"标题 1"(章标题)、"标题 2"(节标题) 和"标题 3"(条标题) 样式的中文字体设置为黑体，西文字体设置为 Times New Roman。

(3) 将每章的标题均设置为自动另起一页，即始终位于下页首行。

3. "章、节、条"三级标题均已预先应用了多级编号，请按下列要求做进一步处理：

(1) 按表 5-1 的要求修改编号格式，编号末尾不加点号"."，编号数字样式均设置为半角阿拉伯数字 (1，2，3...)。

(2) 各级编号后以空格代替制表符，与标题文本隔开。

(3) 节标题在章标题之后重新编号，条标题在节标题之后重新编号，例如，第 2 章的第 1 节应编号为"2.1"而非"2.2"等。

表5-1 标题编号要求

标题级别	编号格式	编号数字样式	标题编号示例
1(章标题)	第①章		第1章、第2章……第n章
2(节标题)	①.②	1，2，3...	1.1、1.2……n.1、n.2
3(条标题)	①.②.③		1.1.1、1.1.2……n.1.1、n.1.2

4. 对参考文献列表应用自定义的自动编号以代替原先的手动编号，编号用半角阿拉伯数字，置于一对半角方括号"[ ]"中（如 [1]、[2] 等），编号位置设为顶格左对齐（对齐位置为 0 厘米）。然后，将论文第 1 章正文中的所有引注与对应的参考文献列表编号建立交叉引用关系，以代替原先的手动标示（保持字样不变），并将正文引注设为上角标。

5. 请使用题注功能，按下列要求对第 4 章中的 3 张图片分别应用按章连续自动编号，以代替原先的手动编号：

(1) 图片编号格式应如"图 4-1"等，其中连字符"-"前面的数字代表章号，"-"后面的数字代表图片在本章中出现的次序。

(2) 图片题注中，标签"图"与编号"4-1"之间要求无空格（该空格需生成题注后再手动删除），编号之后以一个半角空格与图片名称字符间隔开。

(3) 修改"图片"样式的段落格式，使正文中的图片始终自动与其题注所在段落位于同一页面中。

(4) 在正文中通过交叉引用功能为图片设置自动引用其图片编号，替代原先的手动编号（保持字样不变）。

6. 参照表 5-2 所示"三线表"的样式美化论文第 2 章中的"表 2-1"：

(1) 根据内容调整表格列宽，并使表格适应窗口大小，即表格左右恰好充满版心。

(2) 按图示样式合并表格第一列中的相关单元格。

(3) 按图示样式设置表格边框，上、下边框线为 1.5 磅粗黑线，内部横框线为 0.5 磅细黑线。

(4) 设置表格标题行（第 1 行）在表格跨页时能够自动在下页顶端重复出现。

表5-2　CBC-PA复合材料的材料参数

材料CBC-PA	体积密度(g/cm^3)	孔隙度(%)	CBC含量(%)	PA含量(%)
CBC-PA1	0.247	81.9	7.40	10.70
	0.288	79.4	10.20	10.40
CBC-PA2	0.312	78.0	12.00	10.00
	0.314	77.8	12.00	10.20
CBC-PA3	0.319	77.4	12.00	10.60
	0.346	75.9	14.20	9.90

7. 为论文添加目录，具体要求如下：

(1) 在论文封面页之后、正文之前引用自动目录，包含 1 ～ 3 级标题。

(2) 使用格式刷将"参考文献"标题段落的字体和段落格式完整应用到"目录"标题段落，并设置"目录"标题段落的大纲级别为"正文文本"。

(3) 将目录中的 1 级标题段落设置为黑体、小四号字，2 级和 3 级标题段落设置为宋体、小四号字，英文字体全部设置为 Times New Roman，并且要求这些格式在更新目录时保持不变。

8. 将论文分为封面页、目录页、正文章节页、参考文献页 4 个独立的节，每节都从新的一页开始 (必要时删除空白页，使文档不超过 8 页)，并按要求对各节的页眉、页脚分别独立编排：

(1) 封面页不设页眉横线，文档的其余部分应用任意"上粗下细双横线"样式的预设页眉横线。

(2) 封面页不设页眉文字，目录页和参考文献页的页眉处添加"工学硕士学位论文"字样，正文章节页的页眉处设置"自动"获取对应章标题 (含章编号和标题文本，并以半角空格间隔。例如：正文第 1 章的页眉字样应为"第 1 章绪论")，且页眉字样居中对齐。

(3) 封面页不设页码，目录页应用大写罗马数字页码 (I，II，III...)，正文章节页和参考文献页统一应用半角阿拉伯数字页码 (1，2，3...) 且从数字 1 开始连续编码。页码数字在页脚处居中对齐。

9. 论文第 3 章中的公式段落已预先应用了样式"公式"，请修改该样式的制表位格式，实现将正文公式内容在 20 字符位置处居中对齐，公式编号在 40.5 字符位置处右对齐。

10. 为使论文打印时不跑版，请先保存"WPS.docx"文字文档；然后使用"输出为 PDF"功能，在源文件目录下将其输出为带权限设置的 PDF 格式文件，权限设置为"禁止更改"和"禁止复制"，权限密码设置为三位数字"123"（无须设置文件打开密码），其他选项保持默认即可。

任务6　流程图制作——工作任务流程图

■ 6.1　任务简介

本任务要求学生充分利用 WPS 提供的相关技术，通过进行艺术字设置、自选图形编辑等操作，完成"工作任务流程图"的制作。"工作任务流程图"效果图如图 6-1 所示。

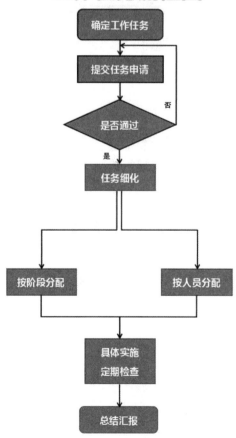

▲　图6-1　"工作任务流程图"效果图

6.2　任务目标

本任务涉及的知识点主要有：工作任务流程图标题的制作，自选图形的绘制和编辑，流程图主体框架的制作以及连接符的绘制。

学习目标：

- 掌握工作任务流程图标题的制作方法。
- 掌握自选图形的绘制和编辑方法。
- 掌握流程图主体框架的绘制方法。
- 掌握连接符的绘制方法。
- 掌握艺术字的添加和设置方法。

思政目标：

- 培养学生的职业生涯规划意识。
- 培养学生的审美能力和人文素养。
- 提高学生的资源整合能力。
- 培养学生良好的职业道德和职业素养。
- 培养学生精益求精的工匠精神。
- 培养学生积极向上、勇于拼搏的精神。

6.3　任务实现

利用流程图可以清晰地展现出一些复杂的数据，让我们分析或观看起来更加清楚明了。流程图的制作步骤大致如下。

(1) 设置页面和段落。

(2) 制作流程图标题。

(3) 绘制主体框架。

(4) 绘制连接符。

(5) 添加说明性文字。

(6) 美化流程图。

6.3.1　制作工作任务流程图标题

为了使流程图有较大的绘制空间，在制作之前需要先设置好文档页面的参数。操作步骤如下。

(1) 启动 WPS，新建一个空白文档。

(2) 选择"页面布局"选项卡，单击"页面设置"功能组中的"页边距"按钮，在下拉列表中选择"自定义页边距"，打开"页面设置"对话框。

(3) 将"页边距"选项卡中的上、下、左、右边距都设置为"1 厘米"，如图 6-2 所示。之后，单击"确定"按钮，完成页面设置。

制作工作任务
流程图标题

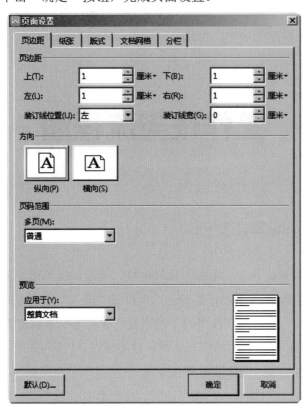

▲ 图6-2　页面设置

(4) 页面设置完成以后，将光标移至首行，通过添加艺术字制作流程图标题。操作步骤如下。

① 选择"插入"选项卡，单击"文本"功能组中的"艺术字"按钮，在下拉样式中选择"填充 - 矢车菊蓝，着色 1，阴影"内置的艺术字样式，如图 6-3 所示，文档中将自动插入含有默认文字"请在此放置您的文字"和所选样式的艺术字。

▲ 图6-3 选择艺术字样式

② 将"请在此放置您的文字"的字样修改为"工作任务流程图"。

③ 选中"工作任务流程图"字样,在"开始"选项卡的"字体"功能组中,将字体设置为"微软雅黑",字号设置为"小初、加粗",对齐方式设置为"居中对齐",字体颜色设置为"黑色",如图 6-4 所示。最后,将设置好的"工作任务流程图"字样水平居中。至此,标题制作完成。

▲ 图6-4 设置艺术字字体

6.3.2 绘制和编辑自选图形

绘制和编辑
自选图形

本任务的效果图包含了矩形、圆角矩形、菱形、线条和箭头等图形,这些图形对象都是 WPS 文字的组成部分。用户可在"插入"选项卡的"插图"功能组中单击"形状"按钮,在弹出的下拉列表中找到上百种自选图形对象,通过使用这些对象可以在文档中绘制出各种各样的图形。以任务中的矩形对象为例,要实现任务中的效果,具体操作步骤如下。

(1) 选择"插入"选项卡,在"插图"功能组中单击"形状"按钮,在弹出的下拉列表中选择"圆角矩形",如图 6-5 所示。

▲ 图6-5 选择形状

(2) 此时鼠标的指针会变成十字形指针，在需要插入图形的位置按住鼠标左键并拖动，直至对图形的大小满意后方可松开鼠标左键。

(3) 选择刚刚画好的矩形，切换到"绘图工具"选项卡，单击"填充"按钮，在弹出的下拉列表中选择"主题颜色"为"矢车菊蓝，着色1，深色25%"，如图 6-6 所示。

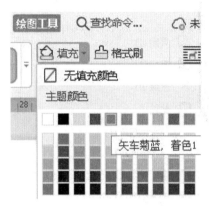

▲ 图6-6　设置填充颜色

(4) 选择刚刚画好的矩形，单击"绘图工具"选项卡中的"轮廓"按钮，在弹出的下拉列表中选择"主题颜色"为"黑色,文本 1"，再次单击"轮廓"按钮，将"线型"设置为"1.5 磅"，如图 6-7 所示。

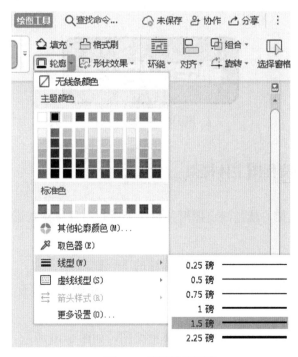

▲ 图6-7　设置形状轮廓

(5) 在该图形上单击鼠标右键,在弹出的快捷菜单中选择"添加文字"命令,如图 6-8 所示。

▲ 图6-8　选择"添加文字"命令

(6) 输入文字"确定工作任务"后,选中此文字,将字体设置为"微软雅黑",字号设置为"三号、加粗",字体颜色设置为"白色",对齐方式设置为"居中对齐"。完成后的效果图如图 6-9 所示。

▲ 图6-9　完成后效果图

6.3.3　绘制流程图主体框架

所谓绘制框架,就是画出图形并将图形进行布局。绘制流程图主体框架的操作步骤如下。

(1) 将光标移到工作任务流程图标题的下一行。

(2) 通过 6.3.2 节所讲述的方法绘制出流程图中的基本图形,如矩形和菱形,并添加文字。

(3) 调整各图形的位置,形成主体框架图,如图 6-10 所示。

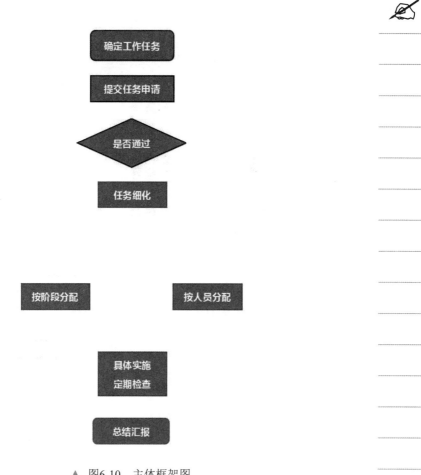

▲ 图6-10　主体框架图

注意：此工作任务流程图中的矩形图形大致相同，可以先绘制一个图形，之后用"复制"→"粘贴"的方法实现其他矩形的绘制。

6.3.4　绘制连接符

主体框架设置好后，需要在流程图的各个图形之间添加连接符，操作步骤如下。

(1) 选择"插入"选项卡，单击"形状"按钮，在下拉列表中选择"线条"类型中的箭头图案"→"，并将其绘制到"确定工作任务"与"提交任务申请"图形之间。接着，选择刚刚画好的箭头，单击"绘图工具"选项卡中的"轮廓"按钮，在弹出的下拉列表中选择"主题颜色"为"黑色，文本 1"，再次单击"轮廓"按钮，将"线型"设置为"1.5 磅"，如图 6-11 所示。

绘制连接符

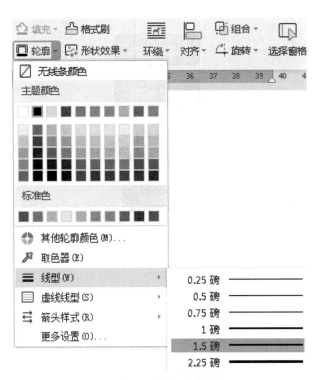

▲ 图6-11　设置箭头轮廓

(2) 用同样的方法绘制其他箭头。

(3) 选择"插入"选项卡，单击"形状"按钮，在下拉列表中选择"线条"类型中的"肘形箭头连接符"。

(4) "肘形箭头连接符"添加完成后，可以看到连线上有一个黄色的小点，利用鼠标拖动这个小点可以调整肘形线的幅度。

(5) 调整连接符的位置，使整个流程图简洁美观。至此，工作任务流程图制作完成。

6.3.5　任务小结

流程图在我们日常生活中很常见，它可用来说明某一个过程。本任务中的工作任务流程图主要使用 WPS 中的形状插入和基本设置功能。通过本任务的学习，学生应掌握自选图形的插入与设置、连接符的绘制等操作方法。在实际操作中需要注意以下几个问题。

(1) 在制作流程图之前，应先设计好草图，这样将使具体操作变得比较轻松。

(2) 流程图制作完成以后，还可以对图形进行美化，具体操作步骤如下：选中图形并单击鼠标右键，在弹出的快捷菜单中选择"样式"选项，打开"形状样式"

选项框，可使用选项框中的各类图形样式对图形进行美化，如图 6-12 所示。

▲　图6-12　设置形状样式对话框

6.4　相关知识

1.绘制和编辑图形

绘制图形是进行科技文档编辑时经常会使用的功能，也是 WPS 文字进行图文混排的重要工具。按如下步骤可制作出带底纹的矩形、椭圆、菱形和呈水平镜像的旋转单行文字，并将其以不同方式进行排列：单击"插入"选项卡中的"形状"命令，在系统弹出的图形工具栏中单击对应的图形选项，拖拽鼠标绘制出矩形、菱形、椭圆等图形；选中菱形，单击鼠标右键，在弹出的快捷菜单中选择"设置对象格式"命令或单击屏幕右侧的"对象属性"按钮，在屏幕右侧打开"属性"对话框，可设置菱形的填充、线条及阴影、倒影和发光等效果。

2. 使用图文框和文字框

图文框和文字框是我们在实际中经常遇到的。它们同图片和图形一样，是独立的对象，可以在页面内进行任意调整，其中的内容则也可以在框中进行任意调整。

3. 使用智能图形

WPS 文字内置的"智能图形"可以使不易于记忆的纯文字文档变得观点清晰、架构明了、效果美观，让阅读者印象深刻。智能图形的操作方法为：将鼠标光标定位到文档中需要添加智能图形的位置；点击"插入"选项卡中的"智能图形"按钮，打开"选择智能图形"对话框；该对话框中列出了所有的智能图形，当鼠标点击某一图形时，对话框右侧即会显示其预览效果并对该图形做出说明；点击"确定"按钮即可将选中的智能图形插入文档中所选定的位置；同时打开功能区中的"设计"选项卡；在智能图形上的文字编辑区中输入文本；通过"设计"选项卡中的功能按钮可以对插入的智能图形的"布局""样式""颜色""排列"等进行设置，也可以对该智能图形中各形状的位置进行调整。

6.5 操作技巧

6.5.1 录入技巧

1. 用鼠标实现即点即输

在 WPS 文字中编辑文件时，若要在文件的最后几行输入内容，通常都是采用多按几次 <Enter> 键或空格键，将光标移至目标位置。这种在文件末尾，即在没有使用过的空白页中进行定位输入的操作，其实可以通过双击鼠标左键来实现。具体操作如下：

单击"文件"中的"选项"，打开"选项"对话框；在"编辑"选项卡的"即点即输"组中选中"启用'即点即输'"复选框，这样即可在文件的空白区域通过双击鼠标左键来定位光标。

2. 上下标在字符后同时出现的输入技巧

有时想同时为一个前导字符输入上、下标，如 S_{10}^{n} (n 为上标、10 为下标)，如果采取通常的做法，既麻烦又不美观、统一 (上、下标的位置不能对齐)。利用"双行合一"功能可以解决这个问题。具体操作如下：

先输入"Sn10"，然后选中"n10"，在"开始"选项卡中单击"中文版式"按钮，在弹出的下拉列表中选择"双行合一"选项，打开"双行合一"对话框，在 n 与 10 之间加入一个"空格"，单击"确定"按钮即可。

6.5.2 绘图技巧

1. 画标准直线的技巧

如果想画水平、垂直或画与水平方向成 15°、30°、45°、75°角的直线，可以在固定一个端点后，按住 <Shift> 键的同时上下拖曳鼠标，此时便会出现上述几种直线选择，角度调整合适后松开 <Shift> 键即可。

画极短直线（坐标轴上的刻度线段）的方法如下：

单击"插入"选项卡中的"形状"按钮，在打开的下拉菜单中选择"矩形"工具；拖曳鼠标画出矩形后，在"绘图工具"工具栏中将"高度"设置为"0 厘米"，"宽度"设置为"0.1 厘米"。

2. <Ctrl>键在绘图中的作用

<Ctrl> 键可以在绘图时发挥巨大的作用。例如，在拖曳绘图工具的同时按住 <Ctrl> 键，所绘制出的图形是用户画出的图形对角线的两倍；在调整所绘制图形大小的同时按住 <Ctrl> 键，可使图形在编辑中心不变的情况下进行缩放。

3. 快速排列图形

如果想让一个文档中的图形达到满意的效果，比如将几个图形排列得非常整齐，可能需要费一番功夫，但是用下面的方法能够非常容易地完成这项工作。

首先通过按 <Shift> 键并依次单击想对齐的每一个图形来选中它们，然后在"绘图工具"工具栏中选择"对齐"按钮，在打开的下拉菜单中选择相应的对齐或分布方式。

4. 新建绘图画布

新建绘图画布的操作方法为：打开 WPS 文档窗口，单击"插入"选项卡中的"形状"按钮，在打开的下拉菜单中选择"新建绘图画布"命令，绘图画布将根据页面大小被自动插入到 WPS 页面中。

5. 画点

在绘图时，画点的操作方法如下。

单击"插入"选项卡中的"形状"按钮，在打开的下拉菜单"基本形状"组中选择"椭圆"工具，同时按住 <Shift> 键和 <Ctrl> 键用鼠标拖出一个小正圆，在打开的"属性"对话框中将椭圆填充为"黑"色，在"绘图工具"工具栏中调整圆点的大小，即可画出美观的点。

6.5.3　排版技巧

1. 文字旋转轻松做

在 WPS 文字中可以通过"文字方向"命令改变文字的方向，也可以用以下简捷的方法实现文字旋转：选中要设置的文字内容，把字体设置成"@字体"即可，比如"@宋体"或"@黑体"，这样就可以使这些文字逆时针旋转90°了。

2. 在WPS中简单设置上标

首先选中作为上标的文字，然后按下 <Ctrl+Shift++> 组合键，即可将文字设置为上标，再按一次又会恢复到原始状态；按 <Ctrl++> 组合键可以将文字设置为下标，再按一次也会恢复到原始状态。

6.6　拓展训练

选择题

1. 小李正在利用 WPS 制作公司宣传文稿，现在需要创建一个公司的组织结构图，最快捷的操作方法是（　　）。

A. 直接在幻灯片中绘制形状，输入相关文字，组合成一个组织结构图

B. 通过"插入"→"对象"功能，激活组织结构图程序并创建组织结构图

C. 通过插入智能图形中的"层次关系"布局来创建组织结构图

D. 直接通过"插入"→"图表"下的"组织结构图"功能来实现

2. 在 WPS 文字中，要删除已选择的文本内容，应按（　　）键。

A. <Alt>　　　　　　　　B. <Ctrl>

C. <Shift>　　　　　　　D. <Delete>

项 目 二

WPS电子表格高级应用

任务7　电子表格基本操作——技能大赛培训情况汇总表

▦ 7.1　任务简介

本任务要求充分利用 WPS 表格的相关技术，完成"技能大赛培训情况汇总表"的制作。"技能大赛培训情况汇总表"效果图如图 7-1 所示。

技能大赛培训情况汇总表													
日期：2021年5月8日						表单编号：2021005							
培训主题		虚拟现实（VR）设计与制作					培训方式		讲授、讨论、实操				
培训时间		时 分至 时 分（共计 时）					培训地点		实训楼二楼T1-201虚拟实训室				
课程类别	☑赛前培训	☑内训	□外训	□专案训练			讲师						
培训内容摘要：													
序号	参赛人员	性别	班级	笔试成绩	实操成绩	平均成绩	序号	参赛人员	性别	班级	笔试成绩	实操成绩	平均成绩
1	王力民	男	网络技术9班	89	76	82.50	11	刘茵	女	智能交通6班	90	78	84.00
2	康强林	男	大数据2班	78	90	84.00	12	孟婷婷	女	网络技术3班	96	87	91.50
3	陈文慧	女	人工智能3班	89	87	88.00	13	肖钰	女	物联网4班	56	58	57.00
4	张东东	男	人工智能3班	76	92	84.00	14	李洪山	男	物联网4班	87	92	89.50
5	李跃红	女	物联网1班	52	57	54.50	15	朱泉顺	男	人工智能4班	90	79	84.50
6	张林林	男	网络技术7班	78	92	85.00	16	潘小明	男	大数据2班	89	79	84.00
7	高利文	男	网络技术1班	76	78	77.00	17	张小林	男	人工智能4班	76	87	81.50
8	贾乐云	男	大数据2班	57	52	54.50	18	伍朝辉	男	物联网4班	58	55	56.50
9	夏广荣	男	物联网1班	93	79	86.00	19	刘国星	男	智能交通6班	97	87	92.00
10	蒙琪	女	人工智能6班	90	78	84.00	20	邹红民	男	物联网1班	79	92	85.50
考核方式	□提问	☑笔试	☑实操	□其它									
总平均成绩		79.28					考核成绩确认人						
备注：													

▲ 图7-1　"技能大赛培训情况汇总表"效果图

▦ 7.2　任务目标

本任务涉及的知识点主要有：WPS 表格的创建与保存、数据的录入、数据有效性的设置、表格的美化打印。

📝 **学习目标：**

- 掌握 WPS 表格的创建与保存方法。
- 掌握工作表的插入和重命名方法。
- 掌握单元格数据的录入方法。
- 掌握数据有效性的设置方法。
- 掌握数据表格的美化方法。
- 掌握函数的基本应用方法。
- 掌握窗口的冻结方法。
- 掌握工作表的打印方法。

🔍 **思政目标：**

- 培养学生的创新意识和实践能力。
- 培养学生良好的团队意识和沟通能力。
- 培养学生精益求精、追求卓越的工匠精神。
- 培养学生吃苦耐劳、诚实守信的职业素养。
- 培养学生发现问题和解决问题的能力。

7.3　任务实现

在日常工作中，我们常常会遇到制作像"技能大赛培训情况汇总表"这样的表格。制作这样的表格，不仅要录入准确的数据，还要对表格进行一定的美化，并设置表格的格式，使表格显得整齐美观。

7.3.1　新建工作簿文件

新建工作簿
文件

WPS 表格有两种创建新工作簿文件的方法，即新建空白工作簿和使用模板新建工作簿。

新建工作簿文件的操作步骤如下。

(1) 执行"开始"→"所有程序"→"WPS Office"→"WPS Office 教育考试专用版"命令，启动 WPS。

(2) 在界面左侧选择"新建"按钮，进入"新建"窗口，如图 7-2 所示。选择上方的"表格"选项，并在"推荐模板"中单击"新建空白文档"按钮，即可创建一个空白的工作簿文件，如图 7-3 所示。

▲ 图7-2 "新建"窗口

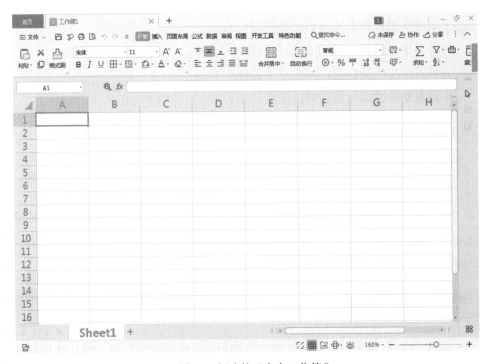

▲ 图7-3 新建的"空白工作簿"

从图 7-3 可以看到，系统将创建的工作簿自动命名为"工作簿 1"，并且工作簿文件中已经建立了一张名为"Sheet1"的空白工作表，"Sheet1"工作表处于打开状态，且为当前工作表。

使用模板新建工作簿文件的操作步骤也十分简单。启动 WPS 单击"推荐模板"选项卡中的主题模板，如图 7-4 所示，如单击"疫情防控登记表"按钮，即可创建一个如图 7-5 所示的工作簿文件。

▲ 图7-4 "推荐模板"选择窗口

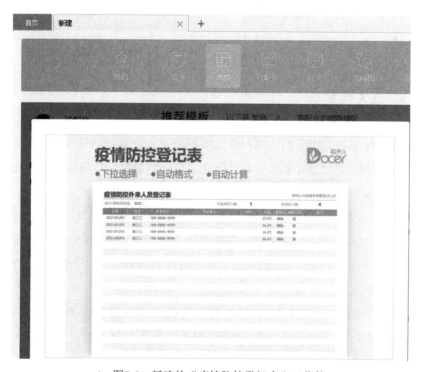

▲ 图7-5 新建的"疫情防控登记表"工作簿

7.3.2 保存工作簿

保存工作簿

新建工作簿后要及时保存，以防因突然断电、计算机死机或中毒等各种意外情况造成数据丢失。操作步骤如下。

执行"文件 (F)"选项卡中的"另存为 (A)"命令，在弹出的"另存为"对话框中，将"文件类型 (J)"设置为"WPS 表格 文件 (*.et)"，设置文件名 (N) 为"技能大赛培训情况汇总表"，如图 7-6 所示。单击"保存"按钮。

对于已经保存过的工作簿，直接单击工具栏中的"保存"按钮即可。

▲ 图7-6   "另存为"对话框

录入数据

7.3.3 录入数据

创建并保存好工作簿后，就可以给数据表录入数据了，操作步骤如下。

(1) 单击 A1 单元格，输入文本"技能大赛培训情况汇总表"，按 <Enter> 键，光标移动到 A2 单元格。

(2) 在单元格 A2 中输入文本"日期：2021 年 5 月 8 日"，在单元格 H2 中输入文本"表单编号：2021005"。在单元格 A3、A4、A5、A6 中分别输入文本"培训主题""培训时间""课程类别""培训内容摘要："。在单元格 H3、H4、I5 中分别输入文本"培训方式""培训地点""讲师"。

(3) 在单元格 B3、B4、I3、I4 中分别输入文本"虚拟现实 (VR) 设计与制作""时 分至 时 分 (共计 时)""讲授、讨论、实操""实训楼二楼 T1-201 虚拟实训室"。

(4) 在单元格 A7 中输入列标题"序号"，然后按 <Tab> 键选中单元格 B7，并输入文本"参赛人员"。

(5) 用相同的方法在单元格区域"C7:G7"中依次输入"性别""班级""笔试成绩""实操成绩""平均成绩"等列标题。

(6) 由于"序号"列的数据是有规律的序列，在输入序号时可以用单元格的填充柄快速录入所有连续的"序号"。操作方法如下。

在单元格 A8 中输入"1"，按 <Enter> 键；单击单元格 A8，将鼠标移动到单元格 A8 的右下角，当光标由空心的十字形指针变成实心的十字形指针时，按住鼠标左键，拖动到单元格 A17 处后松开鼠标左键，即可在单元格区域"A8:A17"内自动生成序号。

(7) 选中单元格区域"A7:G17"，单击鼠标右键，在弹出的下拉列表中选择"复制 (C)"命令。将光标定位于单元格 H7，单击鼠标右键，在弹出的下拉列表中选择"粘贴 (P)"命令。将单元格区域"A7:G17"的内容复制到单元格区域 H7:N17。按 <ESC> 键，取消选择区域。

(8) 将光标定位于单元格 H8，将序号为"1"的值改为"11"，鼠标移动到单元格 H8 的右下角，当光标由空心的十字形指针变成实心的十字形指针时，按住鼠标左键，拖动到单元格 H17 处后，松开鼠标左键，即可在单元格区域"H8:H17"内自动生成序号。

(9) "参赛人员""性别""班级""笔试成绩""实操成绩"列等文本直接输入到相应位置即可。

(10) 在单元格 A18、A19、A20 中分别输入文本"考核方式""总平均成绩""备注："。在单元格 D19、H19 中分别输入文本"合格率""考核成绩确认人"。

(11) 至此，表格的基本数据录入完成，其效果图如图 7-7 所示。

▲ 图7-7　基本数据录入完成后的效果图

7.3.4 设置数据有效性

设置数据
有效性

可以为"技能大赛培训情况汇总表"中的"性别"列设置数据有效性条件，以便在输入不符合规则的数据时出现提示对话框。操作步骤如下。

(1) 选择单元格区域"C8:C17"，切换到"数据"选项卡，在"数据工具"功能组中单击"有效性"按钮，在弹出的下拉列表中，选择"有效性(V)"选项，如图 7-8 所示。弹出的"数据有效性"对话框如图 7-9 所示。

▲ 图7-8 选择"有效性"选项

▲ 图7-9 "数据有效性"对话框

(2) 在"数据有效性"对话框的"允许(A)"下拉列表中选择"序列"，在"来源(S)"文本框中输入文本"男,女"(文本"男"和"女"之间应输入半角逗号)，单击"确定"按钮。

(3) 单击单元格 C8，即可看到下拉框，并有"男"或"女"两种选项，设置数据有效性后的效果图如图 7-10 所示。

(4) 设定数据有效性后，当输入的数据不符合规则时，系统会弹出一个"错误提示"对话框，如图 7-11 所示。这时，可单击单元格 C8，删除输入的数据，在"性别"列下的单元格下拉框中选择"男"或"女"进行数据的输入。

▲ 图7-10 设置数据有效性后的效果图   ▲ 图7-11 错误提示对话框

7.3.5　合并后居中单元格

表格标题通常放在整个数据表的中间，最简单的方法就是通过"合并居中"按钮来实现，操作步骤如下。

(1) 选择单元格区域"A1:N1"。

(2) 切换到"开始"选项卡，在"对齐方式"功能组中单击"合并居中"按钮，如图 7-12 所示。

注意：单击"合并居中"按钮右侧的下三角按钮，弹出的下拉列表提供了多种单元格合并方式，如图7-13所示。

▲ 图7-12　"合并居中"按钮　　　▲ 图7-13　单元格合并方式

(3) 选中单元格区域"A2:G2"。切换到"开始"选项卡，在"对齐方式"功能组中单击"合并居中"按钮，合并后的单元格内容会居中显示，接着单击"左对齐"按钮。

(4) 用相同的方法将相关的单元格区域进行合并居中，需要居左的单元格区域，可接着单击"左对齐"按钮。设置单元格合并居中、居左后的效果图如图 7-14 所示。

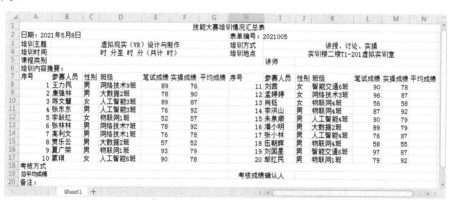

▲ 图7-14　单元格合并居中、居左后的效果图

7.3.6　美化表格

美化表格

数据录入完毕后，可以对表格进行美化。美化表格一般涉及行高、列宽的设置，对齐方式的设置以及边框和底纹的设置。操作步骤如下。

1. 行高和列宽的设置

任务要求设置"技能大赛培训情况汇总表"的行高为 25 磅，列宽为"自动调整"。操作方法如下。

调整行高和列宽时，操作前必须先选中相关单元格。然后切换到"开始"选项卡，单击"行和列"按钮，在下拉列表中选择"最适合的列宽 (I)"选项，如图 7-15 所示。再次单击"行和列"按钮，在下拉列表中选择"行高 (H)"选项，在"行高 (R)"对话框的文本框中输入"25"，如图 7-16 所示。

▲ 图7-15　设置行高和列宽　　　　▲ 图7-16　"行高"对话框

2. 对齐方式设置

任务要求设置表格内容的"对齐方式"为"水平居中""垂直居中"，操作方法如下。

选中单元格，切换到"开始"选项卡，单击"对齐方式"功能组中的"水平居中""垂直居中"按钮，如图 7-17 所示。

▲ 图7-17　设置对齐方式

3. 边框设置

任务要求对"技能大赛培训情况汇总表"的单元格加边框。操作方法如下。

选中单元格区域"A3 : N20"，切换到"开始"选项卡，单击"字体"功能组中的"所有边框"按钮,在下拉列表中选择"所有框线 (A)"选项,如图 7-18 所示。

4. 底纹设置

任务要求为标题设置底纹。

选中单元格区域"A1 : N1",切换到"开始"选项卡,单击"字体设置"功能组中的"填充颜色"按钮,从下拉列表中选择"巧克力黄,着色 2,深色 50%"选项,如图 7-19 所示,为标题行添加底纹。

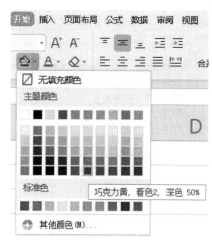

▲ 图7-18　边框设置　　　　　　　▲ 图7-19　设置底纹

用相同的方法对相关行标题、列标题设置底纹。

5. 复选框的插入

(1) 选择单元格区域"B5:H5",切换到"插入"选项卡,单击"复选框"按钮,如图 7-20 所示。将鼠标移动到该单元格区域中,单击鼠标左键,得到一个有 8 个控制点的编辑区域,选中文字"复选框 1"并将其修改为"赛前培训",如图 7-21 所示。单击表格中其他的单元格,退出编辑状态,即可在单元格区域"B5:H5"内插入"赛前培训"复选框,如图 7-22 所示。

▲ 图7-20　单击"复选框"按钮

▲ 图7-21　修改"复选框"文字

▲ 图7-22　插入"复选框"后的效果

(2) 用相同的方法插入单元格区域"B5:H5"的其他复选框。

(3) 用相同的方法插入单元格区域"B18:N18"的复选框。

6. 字体的美化

对标题等相关单元格的字体、大小和颜色进行设置，如图 7-23 所示。至此，完成表格的美化。

▲ 图7-23　表格美化完成后的效果图

7.3.7　用函数计算平均成绩

插入函数有两种方法，一种方法是直接利用"公式"选项卡中列出的函数进行计算；另一种方法是利用"插入函数"对话框进行操作。

1. 用函数计算"平均成绩"列

用函数计算"平均成绩"列的操作步骤如下。

(1) 选中单元格 G8，选择"公式"选项卡，单击"自动求和"按钮，在弹出的下拉列表中选择"平均值"命令，如图 7-24 所示。然后拖动鼠标选定单元格 E8、F8，此时编辑框中显示"=AVERGE(E8:F8)"，如图 7-25 所示；按 <Enter> 键，即可计算出序号为"1"的参赛人员的笔试成绩和实操成绩的平均成绩，如图 7-26 所示。

▲ 图7-24　"自动求和"按钮

▲ 图7-25　编辑框显示内容

序号	参赛人员	性别	班级	笔试成绩	实操成绩	平均成绩
1	王力民	男	网络技术9班	89	76	82.5
2	康强林	男	大数据2班	78	90	
3	陈文蕙	女	人工智能3班	89	87	

▲ 图7-26　序号为"1"参赛人员的平均成绩

（2）选中单元格 G8，将鼠标移动到单元格 G8 的右下角，当光标由空心的十字形指针变成实心的十字形指针时，按住鼠标左键，利用填充柄，计算出序号为"2"至"10"的参赛人员的平均成绩。

（3）选择单元格区域"G8:G17"，切换到"开始"选项卡，单击"字体"功能组右下角的"字体设置"按钮，如图 7-27 所示。在弹出的"单元格格式"对话框中切换到"数字"选项卡，选择"分类 (C)"列表框中的"数值"选项，选择"负数 (N)"选项中的"-1234.10"选项，单击"确定"按钮，将平均成绩保留两位小数，如图 7-28 所示。

▲ 图7-27　"单元格格式"按钮　　▲ 图7-28　"单元格格式"对话框

（4）用相同的方法，计算出序号为"11"至"20"的参赛人员的平均成绩。

2. 用函数计算"总平均成绩"

用函数计算"总平均成绩"的操作步骤如下。

(1) 选择单元格区域"B19:G19",选择"公式"选项卡中的"插入函数"命令,如图 7-29 所示。弹出"插入函数"的对话框,如图 7-30 所示。在"插入函数"对话框的"选择函数 (N)"列表中选择平均值计算函数"AVERAGE"选项,单击"确定"按钮,弹出"函数参数"对话框,如图 7-31 所示。

▲ 图7-29 "插入函数"命令

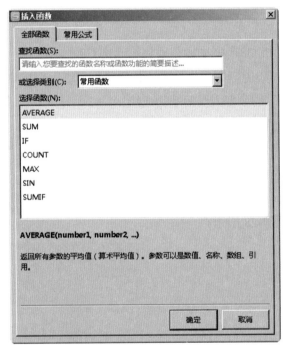

▲ 图7-30 "插入函数"对话框

▲ 图7-31 "函数参数"对话框

(2) 单击"数值 1"文本框右端的选取按钮，选中单元格区域"G8 到 G17"，此时"数值 1"的文本框内容显示为"G8:G17"。

(3) 按照相同的方法，单击"数值 2"文本框右端的选取按钮，选定单元格区域"N8:N17"，此时"数值 2"的文本框内容显示为"N8:N17"，单击"确定"按钮，即可计算出参赛人员的总平均成绩。

(4) 将总平均成绩保留两位小数。

至此，"技能大赛培训情况汇总表"制作完成。

7.3.8　冻结窗口

拆分窗口是指将工作表窗口拆分为多个窗口，在每个窗口中均可显示工作表中的内容。冻结窗口是指将工作窗口中的某些行或列固定在可视区域内，使其不随滚动条的移动而移动。

冻结窗口

某些表格的条数据信息较多，在录入信息的时候表格的行数会随着数据的不断录入而增加，表格前面的内容会随着滚动条的移动而变化，从而导致看不到列标题的情况，用冻结窗口可以很好地解决这个问题。操作方法如下：

单击某单元格，切换到"视图"选项卡，单击"冻结窗格"按钮，在下拉列表中选择"冻结至 n 行 M 列"选项，即可实现窗口的冻结。

7.3.9　插入与重命名工作表

1. 插入工作表

创建工作簿后默认工作表为"Sheet1"，用户可以根据需要选择插入或添加工作表，操作方法如下：

单击"Sheet1"工作表右侧的"+"按钮，即可为工作簿添加一张新的工作表"Sheet2"。

插入与重命名工作表

2. 重命名工作表

工作表的名称都以默认的形式显示，为了使工作表使用起来更加方便，可以重命名工作表，操作方法如下：

双击工作表的标签，此时工作表的标签将显示为黑底白字，直接输入新的名称，即可完成对工作表的重命名。

7.3.10　打印工作表

打印工作表时，可以根据不同的要求进行不同的设置，操作步骤如下。

1. 设置打印区域

打印工作表

设置打印区域是指将表格的部分单元格设置为打印区域，在执行打印操作时只打印该区域的表格内容。

如只打印"技能大赛培训情况汇总表"中的部分信息，具体操作如下。

打开"技能大赛培训情况汇总表"工作表，执行"文件"→"打印区域(T)"→"设置打印区域(S)"命令，如图7-32所示。选择单元格区域"A7:N17"，如图7-33所示。再次执行"文件"→"打印预览(V)"命令，则在"打印预览"窗口中只出现单元格区域A7:N17的信息，如图7-34所示。

▲ 图7-32　执行"设置打印区域"命令

▲ 图7-33　选择的单元格区域

▲ 图7-34　"打印预览"窗口中出现的信息

2. 设置打印标题

当表格内容较多时，为了使打印的表格便于查看，可以在每页表格的最上面显示表格的标题等内容。

如要求打印的表格中的每一页都显示有标题和表头，操作步骤如下：

打开 WPS 表格中的工作表，切换至"页面布局"选项卡，单击"页面设置"功能组中的"打印标题或表头"按钮，弹出"页面设置"对话框，如图 7-35 所示。在"打印标题"栏中，单击"顶端标题行 (R)"文本框后的"收缩"按钮，缩小对话框。按住鼠标左键，拖动鼠标选中单元格区域"A7:N17"，单击"展开"按钮，再返回"页面设置"对话框，此时"顶端标题行"文本框中显示选中的单元格区域"$A$7:$N$17"，单击"确定"按钮，完成设置。

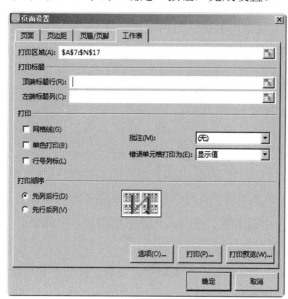

▲ 图7-35　"页面设置"对话框

3. 设置页边距

当表格中的数据较多，无法显示在同一页上时，除了调整各单元格的列宽，还可以通过调整"页边距"来实现整页打印。

如要求将"技能大赛培训情况汇总表"中所有列的内容都显示在 A4 纸上，操作步骤如下。

打开"技能大赛培训情况汇总表"工作表，切换到"页面布局"选项卡，单击"页面设置"选项组中的"纸张大小"按钮，在"纸张大小"的下拉列表中选择"A4"。在"页面设置"功能组中单击"页边距"按钮，在下拉列表中选择"自定义页边距…"选项，在弹出的"页面设置"对话框中，将左、右边距都设置为"0.1",单击"确定"按钮完成页边距设置。单击"打印预览"按钮,实现工作表的所有列显示在一张 A4 纸上。

7.3.11　任务小结

通过制作"技能大赛培训情况汇总表",我们学会了制作工作簿的基本操作方法。实际操作中还需要注意以下问题。

(1) 工作表的保存。<Ctrl+S> 是保存工作簿的快捷键,为了防止突然断电等意外情况的发生,也可以设置为自动保存,方法参照 WPS 文档的自动保存设置。

(2) WPS 表格中的数据录入主要分为四种:文本、数值、日期、逻辑型。

① 对于数值和文本型数据,用户可直接录入,但是要注意数字型文本,如录入身份证号时需要预先设定单元格格式或在数字前加半角单引号。

② 对于日期型数据,如年月日之间可以用或"-"或"/"符号隔开,对于有规律的数据系列,可以利用数据填充的方法录入数据。

③ 对于项目个数少而规范的数据,在录入时可以考虑设置数据录入的有效性。

(3) 表格的美化有三种方法:可以为表格添加边框和底纹;也可以通过在"页面布局"选项卡中单击"背景图片"按钮,为表格添加背景图片;或是通过在"插入"选项卡中单击"艺术字"按钮,为表格添加艺术字效果。

(4) 用函数计算平均成绩的两种方法。

(5) 插入、删除、重命名工作表标签,设置工作表标签的颜色等操作可以通过单击鼠标右键工作表标签实现。

(6) 工作表是工作簿的组成部分,默认每个新工作簿中包含 1 个工作表,命名为"Sheet1"。用户可以根据工作需要插入或删除工作表。

① 插入工作表。在工作簿中插入工作表的具体步骤如下。

a 在工作表标签"Sheet1"上单击鼠标右键,然后从弹出的快捷菜单中选择"插入"菜单项。

b 在弹出的"插入"选项对话框中选择"插入数目 (C)"为"1",现在"插入"为"当前工作表之后"。切换到"常用"选项卡,然后选择"工作表"选项。

c 单击"确定"按钮,即可在工作表"Sheet1"的后面插入一个新的工作表"Sheet2"。

除此之外，用户还可以在工作表的下方单击"新建工作表"按钮，在工作表"Sheet2"的右侧插入新的工作表"Sheet3"。

② 删除工作表。删除工作表的操作非常简单，选中要删除的工作表标签，然后单击鼠标右键，从弹出的快捷菜单中选择"删除"菜单项即可。

③ 重命名工作表。默认情况下，工作簿中的工作表名称为 Sheet1、Sheet2 等。在日常办公中，用户可以根据实际需要为工作表重新命名。具体操作步骤如下。

a 在工作表标签"Sheet1"上单击鼠标右键，从弹出的快捷菜单中选择"重命名"菜单项。

b 当工作表标签"Sheet1"呈蓝色底纹显示时，工作表的名称处于可编辑状态。

c 输入新的工作表名称，然后按 <Enter> 键即可。

另外，用户还可以在工作表标签上双击鼠标左键，快速地为工作表重命名。

④ 设置工作表标签颜色。当一个工作簿中有多个工作表时，为了提高观看效果，方便快速浏览，用户可以将工作表设置成不同的颜色。具体操作步骤如下：

a 选定工作表标签，单击鼠标右键，在弹出的快捷菜单中选择"工作表标签颜色"菜单项。在弹出的级联中选择相应的颜色即可。

b 如果对"工作表标签颜色"级联菜单提供的颜色不满意，还可以进行自定义操作。从"工作表标签颜色"级联菜单中选择"其他颜色"菜单项。

c 在弹出的"颜色"对话框中，切换到"自定义"选项卡，从颜色面板中选择喜欢的颜色，单击"确定"按钮即可。

⑤ 打印工作表时，可以根据实际情况进行设置。打印前应先进行预览，以查看所有的数据是否在同一页纸中。

7.4　相关知识

1. 关于WPS表格

WPS 表格是 WPS Office 办公软件中处理电子表格的软件，它具备全面优化的表格计算引擎和强大的数据处理能力，提供便捷的表格制作、专业的计算分析、高效的数据管理、丰富的图表呈现、安全的数据共享等功能，完全能够满足日常的学习和办公的需要，特别适合企业的财务、统计部门和大中小学校使用。

基于对中文办公场景和国人办公习惯的深刻理解，WPS 表格创新性地提供了如人民币大小写转换、文本数字编号识别、中文单位数字格式等特色功能，具备允许筛选合并单元格、按指定方式拆分或合并表格数据等优化操作，有助于用户轻松、高效率地使用 WPS 表格。

WPS 是一个开放的在线办公服务平台。WPS 稻壳商城的表格频道提供了大量实用的工作表模板，使用这些模板可以快速按需创建各种表格。WPS 云办公服务支持办公文件在全平台任何设备上同步操作，还能够通过 WPS Office 实现跨终端多人实时在线协作填表，让用户随时随地自由创作。

2. WPS表格的功能

WPS 表格具有以下功能：以表格的形式来记录和管理数据，并对数据加以整理和格式化，然后将数据组织成便于阅读和查询的样式；用户可以利用 WPS 的内置函数或自编公式进行数学运算从而推导出可用的数据结果；可借助 WPS 数据透视表等功能进一步分析与处理数据以提取出有效的信息并形成最终决策；通过标准图表等可视化工具形象地呈现数据并直观地传达信息；支持与其他 WPS 程序组件或其他协作者共享数据和交换信息。

3. WPS表格中的名词术语

1）工作簿与工作表

一个工作簿就是一个电子表格文件，WPS 表格默认的文件扩展名为"*.xlsx"。一个工作簿可以包含多个工作表，默认情况下的数量为 1 个工作表，命名为"Sheet1"。

2）工作表标签

工作表标签位于工作表下方，用于显示工作表的名称。单击工作表标签，可以在不同的工作表之间切换，当前正在操作的工作表被称为"活动工作表"。

3）行号和列标

每一行左侧的阿拉伯数字为"行号"，行号与数字相对应，可称为第 1 行、第 2 行等；每一列上方的大写英文字母为"列标"，列标与字母相对应，可称为 A 列、B 列等。

4）单元格

单元格是由行列交叉形成的最小操作单元。单元格所在行列的行号和列标形成单元格的地址，其格式为单元格 A5、单元格 B7 等。选中的单元格将被以粗框线标出，这个当前正在操作的单元格被称为"活动单元格"。

5）名称框

名称框位于工作表的左上方，用以显示活动单元格的地址、活动单元格或当前选定区域的已定义名称。

6）编辑栏

编辑栏位于名称框右侧，用于显示、输入、编辑、修改当前活动单元格中的内容。

7.5　操作技巧

7.5.1　录入技巧

1. 从WPS文档表格引入数据

要想将 WPS 文档表格中的文本引入 WPS 工作表中，操作步骤如下。

打开 WPS 文档，选中 WPS 文档表格的文本内容，单击鼠标右键，在弹出的列表中选择"复制 (C)"选项。然后打开 WPS 工作表，将光标定位到目标位置，单击鼠标右键选择"粘贴"下拉菜单中的"选择性粘贴"命令，再选择"方式"列表中的"文本"选项，最后单击"确定"按钮即可。

2. 输入"0"开头的数字

在 WPS 表格的单元格中输入一个以"0"开头的文本后，系统会在显示时自动把"0"消除。想要保留数字开头的"0"，只需在输入数据前先输入一个"'"（英文状态下的单引号），然后再输入以"0"开头的数字，即可保留数字开头的"0"。

3. 在常规格式下输入分数

当在单元格中输入如"2/5""6/7"等形式的分数时，系统会自动将其转换为日期格式。想在常规模式下实现分数的输入，只需在输入分数前先输入"0+空格符"，再输入分数即可，如输入"0 □ 2/3"（□表示空格）系统即可显示为"2/3"。注意，利用此方法输入的分数，其分母不能超过 99。否则，输入结果将被替换为分母小于或等于 99 的分数，如输入"2/101"，系统会将其转换为近似值"1/50"。

4. 在单元格中自动输入时间和日期

想要让系统自动输入时间和日期，可以选中对应的单元格，按下 <Ctrl+ ; > 快捷键可输入当前日期，按下 <Ctrl+Shift+ ; > 快捷键可输入当前时间。当然，也可以在单元格中先输入其他文字，再按以上组合键，如先输入文本"当前时间为："，再按下 <Ctrl +Shift+ ; > 组合键，单元格中就会显示"当前时间为：10:15"。

如果希望输入的日期、时间是随系统自动更新的，可以利用函数来实现，具体操作方法为：在单元格内输入函数"=today()"得到当前的系统日期，在单元格内输入函数"=now()"得到当前的系统时间和日期。

7.5.2 编辑技巧

1. 利用"填充柄"快速输入相同的数据

在编辑工作表时，用户有时需要在整行或整列输入一样的数据。显然，如果一个一个地输入 数据实在太麻烦。利用鼠标拖曳"填充柄"可以实现快速输入，具体操作步骤如下。

首先在第一个单元格中输入需要的数据，然后选中该单元格，再移动鼠标指针至该 单元格右下角的填充柄处，当指针变为黑色十字形时，按住鼠标左键，同时向所需的方向拖曳鼠标，选中所有要输入相同数据的单元格，最后松开鼠标即可。注意，该方法只适用于输入的是文本信息。如果要重复填充时间或日期数据，使用上述方法填充的将是一个按升序方式产生的数据序列。想要重复填充时间或日期数据可以先按住 <Ctrl> 键，再拖曳填充柄，填充的数据就不会改变了。

2. 快速实现整块数据的移动

在工作中常常需要移动单元格中的数据，直接采用拖曳的方法，比"粘贴"操作更快更便捷，操作步骤如下：

首先选中要移动的数据 (注意必须是连续的单元格区域)，然后移动鼠标到边框处，当鼠标指针变成四箭头形状时，同时按住 <Shift> 键和鼠标左键，拖曳鼠标至目的区域 (可以从鼠标指标右下方的提示框中获知是否到达目标位置)，松开鼠标左键即完成移动。

7.6　拓展训练

选择题

1. 在 WPS 表格的工作表中输入了大量数据后，若要在该工作表中选择一个连续且较大范围的特定数据区域，最快捷的方法是（　　）。

　A. 选中该数据区域的某一个单元格，然后按 <Ctrl+A> 组合键

　B. 单击该数据区域的第一个单元格，按下 <Shift> 键不放，再单击该区域的最后一个单元格

　C. 单击该数据区域的第一个单元格，按 <Ctrl+Shift+End> 组合键

　D. 用鼠标直接在数据区域中拖动完成选择

2. 小陈在 WPS 表格中对产品销售情况进行分析，他需要选择不连续的数据区域作为创建分析图表的数据源，最优的操作方法是（　　）。

　A. 直接拖动鼠标选择相关的数据区域

　B. 按下 <Ctrl> 键不放，拖动鼠标依次选择相关的数据区域

　C. 按下 <Shift> 键不放，拖动鼠标依次选择相关的数据区域

　D. 在名称框中分别输入单元格区域地址，中间用西文半角逗号分隔

3. 赵老师在 WPS 表格中为 400 位学生每人制作了一个成绩条，每个成绩条之间由一个空行分隔。他希望同时选中所有成绩条及分隔空行，最快捷的操作方法是（　　）。

　A. 直接在成绩条区域中拖动鼠标进行选择

　B. 单击成绩条区域的某一个单元格，然后按 <Ctrl+A> 组合键两次

　C. 单击成绩条区域的第一个单元格，然后按 <Ctrl+Shift+End> 组合键

　D. 单击成绩条区域的第一个单元格，按下 <Shift> 键不放再单击该区域的最后一个单元格

4. 小曾希望将 WPS 工作表的 D、E、F 三列设置为相同的格式，同时选中这三列的最快捷的操作方法是（　　）。

　A. 用鼠标直接在 D、E、F 三列的列标上拖动完成选择

　B. 在名称框中输入地址"D：F"，按回车键完成选择

　C. 在名称框中输入地址"D，E，F"，按回车键完成选择

　D. 按下 <Ctrl> 键不放，依次单击 D、E、F 三列的列标

5. 在 WPS 表格编制的员工工资表中，刘会计希望选中所有应用了计算公式的单元格，最优的操作方法是 (　　)。

A. 通过"查找和选择"下的"查找"功能，可选择所有公式单元格

B. 按下 <Ctrl> 键，逐个选择工作表中的公式单元格

C. 通过"查找和选择"下的"定位条件"功能定位到公式

D. 通过高级筛选功能，可筛选出所有包含公式的单元格

6. 在使用 WPS 表格制作统计表时，小项需要在第 1 行下方插入 3 个连续的空行，最优的操作方法是 (　　)。

A. 选中第 2 行,然后连续执行 3 次"开始"→"单元格"→"插入"→"插入工作表行"命令

B. 在第 2 行行号上单击鼠标右键，从右键菜单中执行"插入"命令，连续执行 3 次

C. 选中第 2 行，执行"插入"选项卡中的"表格"命令，并指定插入的行数

D. 同时选中第 2、3、4 行，在选中的行号上单击鼠标右键，在右键菜单中执行"插入"命令

7. 若希望每次新建 WPS 表格工作簿时，单元格字号均为 12，最快捷的操作方法是 (　　)。

A. 将新建工作簿的默认字号设置为 12

B. 每次创建工作簿后，选中工作表中的所有单元格，将字号设置为 12

C. 每次完成工作簿的数据编辑后，将所有包含数据区域的字号设置为 12

D. 每次均基于一个单元格字号为 12 的 WPS 表格模板创建新的工作簿

8. 在 WPS 表格中为一个单元格区域命名的最优操作方法是 (　　)。

A. 选择单元格区域，在名称框中直接输入名称并回车

B. 选择单元格区域，执行"公式"选项卡中的"指定"命令

C. 选择单元格区域，执行"公式"选项卡中的"名称管理器"命令

D. 选择单元格区域，在右键快捷菜单中执行"定义名称"命令

9. 在 WPS 表格中，若要在一个单元格输入两行数据，最优的操作方法是 (　　)。

A. 将单元格设置为"自动换行"，并适当调整列宽

B. 输入第一行数据后，直接按 <Enter> 键换行

C. 输入第一行数据后，按 <Shit+Enter> 组合键换行

D. 输入第一行数据后，按 <Alt+Enter> 组合键换行

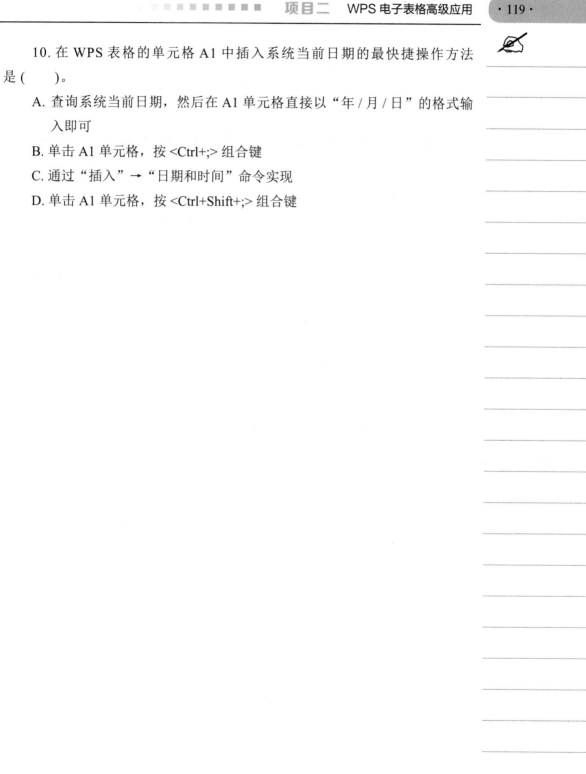

10. 在 WPS 表格的单元格 A1 中插入系统当前日期的最快捷操作方法是 ( )。

 A. 查询系统当前日期, 然后在 A1 单元格直接以"年 / 月 / 日"的格式输入即可

 B. 单击 A1 单元格, 按 <Ctrl+;> 组合键

 C. 通过"插入"→"日期和时间"命令实现

 D. 单击 A1 单元格, 按 <Ctrl+Shift+;> 组合键

任务8　公式与函数应用——学生成绩汇总表

8.1　任务简介

软件技术 1 班的期末考试成绩已经出来了，现需要对考试成绩进行统计与分析，具体要求如下：

- 统计每位学生所有课程考试成绩的不及格门数。
- 使用学校规定的公式，计算每位学生所有课程的加权平均成绩。
- 统计不同分数段的学生人数以及最高、最低分。
- 计算出每位学生考试成绩的排名。

8.2　任务目标

本任务涉及的知识点主要有：公式与函数的使用、相对引用和绝对引用、工作表的复制和移动。

学习目标：

- 掌握 WPS 表格中公式的使用方法。
- 掌握相对引用和绝对引用的使用方法。
- 掌握常用函数的使用方法。
- 掌握工作表的复制和移动方法。

思政目标：

- 培养学生精益求精的工匠精神。
- 培养学生严谨认真、一丝不苟的工作态度。
- 培养学生发现问题和解决问题的能力。
- 培养学生良好的职业道德与敬业精神。
- 培养学生的总结与反思能力。

8.3 任 务 实 现

WPS 表格具有强大的计算功能，借助其丰富的公式和函数，可以使工作表中数据的分析和处理变得更便捷。本任务中，对学生成绩的统计与分析就是一个典型的案例。需要注意的是，WPS 表格中的公式遵循一个特定的语法，在输入公式或函数前必须先输入一个等于号。

8.3.1 复制与移动工作表

在 WPS Office 中，打开"学生成绩汇总表 .et"文件，该文件有 2 个工作表，分别为"成绩汇总"工作表和"选修课成绩"工作表。为了便于统计，我们需要将"选修课成绩"工作表中的选修课成绩合并到"成绩汇总"工作表中。操作步骤如下：

复制与移动
工作表

(1) 在"成绩汇总"工作表中，将光标移动到列数"I"区间，待光标变成向下的黑色箭头时，单击鼠标右键，在弹出的下拉列表中选择"插入"选项，如图 8-1 所示。然后，列数"I"成为了空白列。

▲ 图8-1 插入列

(2) 选中单元格区"A3:M62"域，切换到"数据"选项卡，单击"排序"按钮，打开"排序"对话框，如图 8-2 所示。

▲ 图8-2 "排序"对话框

(3) 在"主要关键字"下拉列表中选择"姓名"选项，然后在"次序"栏所在的下拉列表中选择"降序"选项，单击"确定"按钮，如图8-3所示。工作表中的记录按"姓名"进行了"降序"排列。

▲ 图8-3　设置排序关键字

(4) 切换到"选修课成绩"工作表，采用相同的操作方法，将记录按"姓名"进行"降序"排列。选择单元格区域"B1:B60"，单击鼠标右键，在弹出的下拉列表中选择"复制"选项。

(5) 返回"成绩汇总"工作表后，将光标定位到单元格I3，单击右键，在弹出的下拉列表中选择"粘贴"选项。此时，"选修课成绩"工作表的选修课成绩被移动到了"成绩汇总"工作表中。

(6) 选中单元格区域"A3:M62"，采用相同的操作方法，将记录按"学号"进行"升序"排列，效果如图8-4所示。

		学生成绩汇总表									
学号	姓名	思想道德修养与法律基础公共基础课 必修 学分3 学时48 2020-2021-1	体育与健康① 公共基础课 必修 学分2 学时36 2020-2021-1	高等数学1 公共基础课 必修 学分3 学时48 2020-2021-1	大学英语① 公共基础课 必修 学分2 学时36 2020-2021-1	MySQL数据库技术I 专业基础课 必修 学分3 学时48 2020-2021-1	Python程序设计II 专业基础课 必修 学分3 学时48 2020-2021-1	创新思维及创业心智力 公共选修课 必修 学分1 学时20 2020-2021-1	不及格门数	平均成绩	
662232009001	李明书	88	89	72	85	67	78	77			
662232009002	张朝天	91	95	81	90	87	90	80			
662232009003	陈先明	83	89	80	79	78	88	76			
662232009004	陈小玉	85	95	83	87	92	89	79			
662232009005	成小玲	83	81	60	84	60	65	82			
662232009006	程林	92	95	83	80	87	92	86			
662232009007	刘云龙	82	78	60	68	60	60	82			
662232009008	杜小莉	80	92	60	77	61	60	81			
662232009009	肖成明	82	86	60	60	79	68	76			
662232009010	王奖礼	87	81	64	86	85	88	82			
662232009011	张金	91	86	80	85	89	92	80			
662232009013	蒋朝明	81	95	60	87	78	78	77			
662232009014	刘承鑫	86	78	70	91	75	79	79			
662232009015	张开强	82	69	62	82	86	75	89			
662232009016	李玉玲	83	80	67	82	81	72	67			
662232009017	金媛	85	78	83	87	92	86	85			
662232009018	刘章	84	78	77	85	72	86	73			
662232009019	王涛	80	91	60	73	72	60	80			
662232009020	刘雪林	84	81	64	86	77	75	75			
662232009021	尤黑春	83	86		82	60	69	79			

▲ 图8-4　工作表进行复制、移动、排序后的效果图

利用COUNTIF函数统计不及格门数

8.3.2　利用COUNTIF函数统计不及格门数

COUNTIF 函数是用来统计某个单元格区域中符合指定条件的单元格数目的函数。

COUNTIF 函数的语法为 COUNTIF(Range，Criteria)，其中，Range 表示要计算其中非空单元格数目的区域 (为了便于公式的复制，最好采用绝对引用) ；Criteria 表示以数字、表达式或文本形式定义的条件。

可利用 COUNTIF 函数来统计学生的不及格门数，操作步骤如下。

(1) 选中单元格区域 "C4:I62"，在 "开始" 选项卡中单击 "格式" 按钮，在弹出的下拉列表中选择 "文本转换成数值 (N)" 选项，将文本格式转换成数值，如图 8-5 所示。

▲ 图8-5　文本格式转换成数值

(2) 单击单元格 J4，切换到 "公式" 选项卡，单击 "插入函数" 按钮，打开 "插入函数" 对话框，在 "选择函数 (N)" 列表框中选择 "COUNTIF" 选项，如图 8-6 所示。

(3) 单击 "确定" 按钮，打开 "函数参数" 对话框，将对话框中 "区域" 框内显示的内容修改为 "C4:I4"，接着在 "条件" 框中输入 "<60"，如图 8-7 所示。单击 "确定" 按钮，统计出第一个学生的不及格门数。

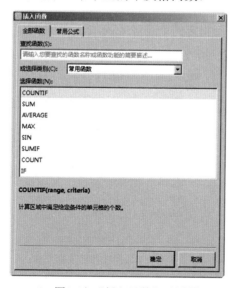

▲ 图8-6　"插入函数" 对话框

▲ 图8-7　设置COUNTIF函数参数

(4) 单击单元格 J4，将鼠标移动到单元格 J4 的右下角，当光标由空心的十字形指针变成实心的十字形指针时，按下鼠标左键，拖拽至单元格 J62 处后，松开鼠标左键，即可在单元格区域"J4:J62"内自动统计出所有学生的不及格门数。

8.3.3　利用公式计算平均成绩

利用公式计算
平均成绩

公式是对单元格中的数据进行处理的等式，它用于完成算术、比较或逻辑等运算。WPS 表格中的公式遵循一个特定的语法，即最前面是等号，后面是运算数和操作。每个运算数可以是数值、单元格区域的引用、标志、名称或函数。

按照学校的计算公式，学生的平均成绩是由每门课的成绩乘以对应的学分，得出的乘积相加求和之后除以总学分得到。操作步骤如下。

(1) 在单元格 A66、B66 中分别输入文本"课程名称""学分值"。

(2) 选中单元格区域 "C3:I3"，按 <Ctrl+C> 组合键，将其复制到剪贴板中。

(3) 选中单元格 A67，单击鼠标右键，从快捷菜单中选择"选择性粘贴"命令，打开"选择性粘贴"对话框，选择"转置"复选框，如图 8-8 所示。单击"确定"按钮，将课程名称粘贴到指定的单元格区域，之后将这些单元格的填充颜色去掉，并在相应的单元格中输入学分。

▲ 图8-8　"选择性粘贴"对话框

(4) 在单元格 A74 中输入文本"总学分"，然后将光标置于单元格 B74 中，切换到"公式"选项卡，在"函数库"功能组中单击"自动求和"按钮，随即单元格 B74 中显示"=SUM(B67:B73)"，再按 <Enter> 键，实现用"SUM"函数公式求总学分。

(5) 选中单元格区域"A66:B74"，切换到"开始"选项卡，通过"字体设置"功能组中的"边框"按钮实现对此单元格区域添加边框，并将内容的对齐方式设置为"居中"对齐，结果如图 8-9 所示。

	课程名称	学分值
66		
67	思想道德修养与法律基础	3
68	体育与健康①	2
69	高等数学Ⅰ	3
70	大学英语①	2
71	MySQL数据库技术Ⅰ	3
72	Python程序设计Ⅱ	3
73	创新思维及创业心智力	1
74	总学分	17

▲ 图8-9　课程学分表

(6) 单击单元格 K4，根据学校计算学生平均成绩的计算公式，在单元格 K4 中输入公式："=(C4*\$B\$67+D4*\$B\$68+E4*\$B\$69+F4*\$B\$70+G4*\$B\$71+H4*\$B\$72+I4*\$B\$73)/\$B\$74"，按 <Enter> 键，计算出第一个学生的平均成绩。输入过程中可单击选中课程成绩、学分值所在的单元格，并将对"姓名"列的相对引用改为绝对引用。

(7) 利用填充柄，计算出所有学生的平均成绩。选择所有学生的平均成绩单元格，并设置平均成绩保留两位小数。

8.3.4　利用COUNTIF函数统计分段人数

利用 COUNTIF 函数分段统计平均成绩的学生人数及比例，操作步骤如下。

(1) 在单元格 E66 开始的单元格区域建立"学生平均成绩分段统计"表，并为该区域添加边框、设置对齐方式，如图 8-10 所示。

利用COUNTIF
函数统计
分段人数

	D	E	F	G
65				
66		学生平均成绩分段统计		
67		分数段	人数	比例
68		90分以上		
69		80-89分		
70		70-79分		
71		60-69分		
72		0-59分		
73		总计		
74		最高分		
75		最低分		

▲ 图8-10　平均成绩分段统计表

(2) 单击单元格 F68，切换到"公式"选项卡，单击"插入函数"按钮，打开"插入函数"对话框，在"选择函数"列表框中选择"COUNTIF"选项。单击"确定"按钮，打开"函数参数"对话框，将对话框中"范围"框内显示的内容修改为"$K$4:$K$62"，接着在"条件"框中输入条件">=90"。单击"确定"按钮，即可统计出 90 分以上的人数。

(3) 利用填充柄将单元格 F68 中的公式复制到单元格 F69 中，并将公式中的">= 90"改为">= 80"，在公式后添加"=COUNTIF($K$4:$K$62，">=90")"，按 <Enter> 键，统计出平均分在 80 ~ 89 之间的人数。

(4) 将单元格 F70、F71、F72 中的公式分别设置为以下内容：

 • "=COUNTIF($K$4:$K$62，">=70")-COUNTIF($K$4:$K$62，">=80")"
 • "=COUNTIF($K$4:$K$62，">=60")-COUNTIF($K$4:$K$62，">=70")"
 • "=COUNTIF($K$4:$K$62，"<60")"

(5) 单击单元格 F73，切换到"公式"选项卡，单击"自动求和"按钮，按 <Enter> 键，计算出总计人数。

(6) 单击单元格 G68，在单元格内输入公式"=F68/$F$73"，按 <Enter> 键统计出 90 分以上的人数所占的比例。

(7) 利用填充柄，自动填充其他分数段的比例数据。

(8) 选中单元格区域"G68:G72"，切换到"开始"选项卡，单击"数字"功能组中"数字格式"按钮，弹出"单元格格式"对话框，在"数字"选项卡中，从"分类 (C)"下拉列表中选择"百分比"选项。单击"确定"按钮，数值均以百分比形式显示。

(9) 将光标移到单元格 F74 中，单击"公式"选项卡中"自动求和"按钮下的箭头，在下拉列表中选择"最大值 (M)"选项，如图 8-11 所示。拖动鼠标选中平均成绩所在的单元格区域"K4:K62"，按 <Enter> 键计算出平均成绩的最高分。

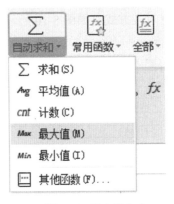

▲ 图8-11　最大值命令

(10) 用同样的方法在单元格 F75 中求出平均成绩的最低分。

(11) 设置 F74:F75单元格区域格式，设置对齐效果后，效果图如图 8-12 所示。

分数段	人数	比例
90分以上	1	1.69%
80-89分	12	20.34%
70-79分	38	64.41%
60-69分	8	13.56%
0-59分	0	0.00%
总计	59	100.00%
最高分	90.06	
最低分	61.88	

学生平均成绩分段统计

▲ 图8-12　平均成绩分段统计效果图

8.3.5　利用RANK函数排名

RANK 函数的功能是返回某数字在一列数字中相对于其他数值的大小排位。

RANK 函数的语法为 RANK(number，ref，order)，其中，number 是需要排名次的单元格名称或数值；ref 是引用单元格 (区域)；order 是排名的方式，1 表示由小到大，即升序，0 表示由大到小，即降序。

利用RANK
函数排名

学生平均成绩出来之后就可以利用 RANK 函数对其进行排名了，操作步骤如下。

(1) 单击单元格 L4，切换到"公式"选项卡，单击"插入函数"按钮，打开"插入函数"对话框，在"查找函数"项下面直接输入所需的函数的功能，如直接输入"排名"两个字，"选择函数 (N)"的窗口中就会列出几个关于排名的函数，选择 RANK 函数，如图 8-13 所示。

▲ 图8-13　"插入函数"对话框

(2) 单击"确定"按钮，打开"函数参数"对话框。

(3) 在"函数参数"对话框中分别输入各参数，当光标位于"数值"文本框时，单击单元格 K4 选中第一个学生的平均成绩；之后将光标移至"引用"文本框，选定单元格区域"K4:K62"，并按 <F4> 键将其修改为绝对引用；最后将光标移至"排位方式"文本框，输入"0"，如图 8-14 所示。单击"确定"按钮，计算出第一个学生的排名。

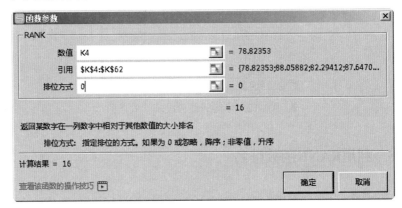

▲ 图8-14 设置RANK函数参数

(4) 利用填充柄计算其他学生的排名。学生成绩汇总表最终效果图如图 8-15 所示。

学生成绩汇总表

学号	姓名	思想道德修养与法律基础 必修 学分2	体育与健康① 必修 学分2	高等数学 I 必修 学分3	大学英语① 必修 学分2	MySQL数据库技术 I 必修 学分3	Python程序设计 II 必修 学分3	创新思维及创业心智力 选修 学分1	不及格门数	平均成绩	排名
662232009001	李明书	88	89	72	85	67	78	77	0	78.82	16
662232009002	张朝天	91	95	81	90	87	90	80	0	88.06	4
662232009003	陈先明	83	89	80	79	78	88	76	0	82.29	11
662232009004	陈小玉	85	95	83	87	92	89	79	0	87.65	5
662232009049	李修	87	74	76	89	71	52	76	2	73.06	41
662232009050	杨平	81	86	76	81	78	60	86	0	76.76	25
662232009051	刘德伟	86	89	76	83	70	60	76	0	76.24	29
662232009052	韦佳	83	81	60	80	60	60	85	0	70.35	51
662232009053	孟代华	83	78	43	64	60	43	81	2	61.88	59
662232009054	刘康建	86	81	74	82	61	60	85	0	73.76	37
662232009055	张超	84	81	91	77	92	90	81	0	86.35	7
662232009056	孙进平	83	89	82	79	63	66	87	0	76.76	25
662232009057	刘存	86	91	91	92	90	92	76	0	88.18	2
662232009058	屈华庆	80	80	60	81	64	60	76	0	71.65	46
662232009059	左小明	83	81	77	86	71	60	87	0	76.12	31
662232009061	李小	85	90	71	83	83	72	81	0	80.00	13

课程名称	学分值
思想道德修养与法律基础	3
体育与健康①	2
高等数学 I	3
大学英语①	2
MySQL数据库技术 I	3
Python程序设计 II	3
创新思维及创业心智力	1
总学分	17

学生平均成绩分段统计

分数段	人数	比例
90分以上	1	1.69%
80-89分	12	20.34%
70-79分	38	64.41%
60-69分	8	13.56%
0-59分	0	0.00%
总计	59	100.00%
最高分	90.06	
最低分	61.88	

▲ 图8-15 学生成绩汇总表最终效果图

8.3.6　任务小结

在本任务中，通过对学生考试成绩的统计与分析，我们学到了 WPS 表格中公式和函数的使用、选择性粘贴、相对引用和绝对引用等操作方法。实际操作中需要注意以下问题。

(1) 选择性粘贴。在 WPS 表格中，除了能够复制选中的单元格，还可以利用"选择性粘贴"进行有选择的复制。"选择性粘贴"对话框中不同栏目的粘贴方式如下。

• "粘贴"栏：用于设置粘贴"全部"还是"公式"等选项。

• "运算"栏：如果选择了除"无"之外的单选按钮，则复制单元格中的公式或数值将与粘贴单元格中的数值进行相应的运算。

• "跳过空单元"复选框：选中该复选框后，可以使目标区域单元格的数值不被复制区域的空白单元格覆盖。

• "转置"复选框：用于实现行、列数据的位置转换。

(2) 输入公式时要注意以下几点。

• 公式以"="开始，后面是用于计算的表达式。

• 公式输入完毕后，按 <Enter> 键或单击编辑栏中的"输入"按钮，即可在输入公式的单元格中显示计算结果，公式内容显示在编辑栏中。

• 公式中的英文字母不区分大小写，但运算符必须是半角符号；在输入公式时，可以使用鼠标直接选中参与计算的单元格，从而提高输入公式的效率。

• 编辑公式与编辑数据的方法相同。如果要删除公式中的某些项，可以在编辑栏中用鼠标选定它们，然后按 <Delete> 键。如果要替换公式中的某些部分，选定要修改的内容后对其进行修改即可。

(3) 常见函数举例。

• SUM：一般格式是 SUM(计算区域)，该函数的功能是计算各参数的和，参数可以是数值或是对含有数值的单元格区域的引用。

• SUMIF：一般格式是 SUMIF(条件判断区域，条件，求和区域)，用于根据指定条件对若干单元格求和。其中，条件可以用数字、表达式、单元格引用或文本形式定义。

• SUMIFS：一般格式是 SUMIFS(求和区域，条件判断区域 1，条件 1，条件判断区域 2，条件 2，…)，用于根据多个指定条件对若干单元格求和。

• ABS：一般格式是 ABS(数字)，用于返回数字的绝对值。其中，数字是需要计算其绝对值的实数。

• INT：一般格式是 INT(数字)，功能是将数字向下取整为最接近的整数。其中，数字是需要进行向下舍入取整的实数。

• ROUND：一般格式是 ROUND(数字或位数)，功能是返回按指定位数进行四舍五入的数值。

• TRUNC：一般格式是 TRUNC(数字，"取整精度")，功能是将数字的小数部分截去,返回整数。其中"取整精度"为可选参数,用于指定取整精度的数字,默认为 0。

• VLOOKUP：一般格式是 VLOOKUP(要查找的值，查找区域，数值所在列，匹配方式)，功能是按列查找，最终返回该列所需查询列序所对应的值。其中，匹配方式是一个逻辑值，如果条件为 TRUE 或 1，函数将查找近似匹配值，如果条件为 FALSE 或 0，则返回精确匹配。

• IF：一般格式是 IF(条件为真时返回值或为假时返回值)，功能是执行真假判断，根据逻辑计算的真假值，返回不同的结果。

• NOW：一般格式是 NOW()，功能是返回系统当前的日期和时间。

• TODAY：一般格式是 TODAY()，功能是返回系统当前的日期。

•YEAR:一般格式是 YEAR(日期值)，功能是返回日期值中的年份。其中，日期值的格式为"年 / 月 / 日"或"年 - 月 - 日"的形式。

• AVERAGE：一般格式是 AVERAGE(计算区域)，功能是计算各参数的算术平均值。

• AVERAGEIF：一般格式是 AVERAGEIF(条件判断区域，条件，求平均值区域)，功能是用于根据指定条件对若干单元格计算算术平均值。

• COUNT：一般格式是 COUNT(计算区域)，功能是统计区域中包含数字的单元格的个数。

• COUNTIF：一般格式是 COUNTIF(计算区域，条件)，功能是统计区域内符合指定条件的单元格数目。其中，计算区域表示要计数的非空区域，空值和文本值将被忽略。

• MAX：一般格式是 MAX(计算区域)，功能是返回一组数值中的最大值。

• MIN：一般格式是 MIN(计算区域)，功能是返回一组数值中的最小值。

• RANK：一般格式是 RANK(查找值，参照的区域，排序方式)，功能是返回某数字在一组数字中相对其他数值的大小排名，当参数"排序方式"省略时，名次基于降序排列。

- LEN：一般格式是 LEN(文本串)，功能是统计字符串中字符的个数。
- LEFT：一般格式是 LEFT(文本串，截取长度)，功能是从文本的开始返回指定长度的字串。
- RIGHT：一般格式是 RIGHT(文本串，截取长度)，功能是从文本的尾部返回指定长度的字串。
- MID：一般格式是 MID(文本串，起始位置，截取长度)，功能是从文本的指定位置返回指定长度的字串。

(4) 在 WPS 表格中输入公式或函数后，其运算结果有时会显示为错误值，要纠正这些错误值，必须先了解出现错误的原因，才能找到解决的方法。常见的错误值有以下几种。

- ####：出现该错误值的常见原因是单元格的列宽不够，无法完全显示单元格中的内容或包含的时间值。解决方法是调整单元格的列宽或应用正确的数字格式，保证日期与时间公式的准确性。

- #VALUE!：当使用的参数或操作数值类型错误，以及公式的自动更正功能无法正常更正公式时就会出现该错误值。解决方法是确认公式或函数所需的运算符和参数是否正确，并查看公式引用的单元格中是否为有效数值。

- #NULL!：当指定两个不相交的区域的交集时，将出现该错误值。产生错误值的原因是使用了不正确的区域运算符，如交集运算符 (指分隔公式中引用的空格字符)。解决方法是在引用连续单元格时，检查是否是用冒号 (半角) 分隔引用的单元格区域，如未分隔或引用不相交的两个区域，请使用联合运算符 (逗号 "，") 将其分隔开来。

- #N/A：当公式中没有可用数值，以及 HLOOPUP、LOOPUP、MATCH 或 VLOOKUP 函数的 lookup_value 参数不能赋予适当的值时，将产生该错误值。遇到此情况时，可在单元格中输入 "#N/A"，公式在引用这类单元格时将不进行数值计算，而是返回 "#N/A" 或检查 lookup_value 参数值的类型是否正确。

- #REF!：当删除了其他公式所引用的单元格，或将已移动的单元格粘贴到其他公式所引用的单元格中时，将会出现该错误值，解决方法是更改公式，或在删除和粘贴单元格后恢复工作表中的单元格。

8.4 相关知识

1. 单元格地址、名称和引用

1) 单元格地址

工作簿中的基本元素是单元格，单元格中包含文字、数字或公式。单元格在工作簿中的位置由列号和行号组成，用地址标识。例如，A5 表示 A 列第 5 行。

一个完整的单元地址除了列号和行号以外，还要指定工作簿名和工作表名，其中工作簿名用方括号"[]"括起来，工作表名与列号、行号之间用叹号"!"隔开。例如，"[学生成绩.xlsx]Sheet!B1"表示学生成绩工作簿中的 Sheet1 工作表的单元格 B1。

2) 单元格名称

在处理 WPS 表格数据过程中，经常要对多个单元格进行相同或类似的操作，此时可以利用单元格区域或单元格名称来简化操作。当一个单元格或单元格区域被命名后，该名称会出现在"名称框"的下拉列表中，若选中所需的名称，则与该名称相关联的单元格或单元格区域会被选中。

3) 单元格引用

单元格引用的作用是标识工作表中的一个单元格或一组单元格，以便说明要使用哪些单元格中的数据。WPS 表格中提供了以下 3 种单元格的引用类型。

• 相对引用。相对引用是以某个单元格的地址为基准来决定其他单元格地址的方式。在公式中如果有对单元格的相对引用，则当公式移动或复制时，将根据移动或复制的位置自动调整公式中引用的单元格的地址。WPS 表格默认的单元格引用为相对引用，如 B1。

• 绝对引用。绝对引用指向使用工作表中位置固定的单元格，公式的移动或复制不影响它所引用的单元格位置。使用绝对引用时，要在行号和列号前加"$"符号，如 $A$3。

• 混合引用。混合引用是指混合使用相对引用与绝对引用，如 A$2，$A2。

2. 认识公式

电子表格中的"公式"是指以等于号"="引导的数据运算表达式，其组成要素通常包含运算符、引用、常量、函数、括号等。

1) 引用

引用是指通过地址或名称来调用单元格或区域中存储的数据，例如公式中的 A6 将返回单元格 A6 中的值。

2) 常量

常量是指直接输入到公式中的固定不变的数值或文本，例如公式中的数字 2。表达式或由表达式计算得出的值都不属于常量。

3) 函数

函数是指一类特殊的、预先定义好的公式，如 PI() 函数返回 PI 值 "3.14…"。

4) 运算符

运算符用于连接单元格引用、常量和函数等，从而构成完整的数据运算表达式。例如公式中的 "*" 运算符表示乘法运算，"+" 运算符表示加法运算。

3.认识函数

1) 函数的概念

函数实际上是一类特殊的、预先定义好的公式，主要用于处理常规四则运算难以胜任的数据任务，函数可以理解为一种为解决更加复杂的计算需求而提供的内置算法。

函数具有简化公式、提高编辑效率的作用，有些函数的功能是自编公式难以比拟的，有些函数的功能是自编公式无法完成的，而有些函数的功能可以允许 "有条件地" 执行公式。

2) 函数的结构

在公式中调用函数的语法形式为 "= 函数名 ([参数 1], [参数 2], [参数 3]……)"。

在公式中调用函数有以下注意事项：

• 在公式中使用函数时，通常有表示公式的等号、函数名称 (唯一且不区分大小写)、括号、以半角逗号分隔的参数。同一个公式中允许使用多个函数，以运算符连接。

• 函数的参数可以是常量、单元格引用、数组、名称或其他函数。函数中可以调用其他函数作为参数，称为 "函数嵌套"。WPS 表格对函数的嵌套次数并没有限制，但并不推荐无限地使用嵌套函数，因为这将导致公式维护的困难，以及可能在其他电子表格软件下返回错误的结果。建议公式中最多使用七级嵌套函数，需要更多的嵌套时可以使用名称代替。

• 一些函数允许多个参数并允许仅使用其中部分参数。例如 SUM 函数可以支持 255 个参数，第 1 个参数为必不可少的"必需参数"，第 2 至 255 个参数是可以被省略的"可选参数"，一般以一对方括号"[]"括起来，多个可选参数可按从左向右的次序依次省略。

• 有些函数参数可以"省略参数值"，并在前一参数后跟一个逗号，表示仅保留参数位置，这种简写常用于替代逻辑值 FALSE、数值 0 或空文等参数值。

• 部分函数本身就不含参数，例如 NOW 函数、RAND 函数、PI 函数等，仅由等号、函数名称和一对括号组成。

3）函数的类型

WPS 表格提供了大量的内置函数以供选用，按其功能和用途分为财务函数、逻辑函数、文本函数、日期和时间函数、查找与引用函数、数学和三角函数、统计函数、工程函数、信息函数等 9 种类型。

8.5 操作技巧

8.5.1 函数编辑技巧

1. 巧用IF函数清除WPS表格工作表中的"0"

有时，引用的单元格区域内没有数据，WPS 表格中仍然会计算出一个结果"0"，这使得表格非常不美观。怎样才能去掉这些无意义的"0"呢？

利用 IF 函数可以有效地解决这个问题。如公式"=IF(SUM(B1:C1)，SUM(B1:C1)，" ")"所表示的含义为如果单元格区域"B1:C1"内有数值且求和为真，其中的数值将被进行求和运算。否则，如果单元格区域"B1:C1"内没有任何数值或求和为假，那么存放计算结果的单元格显示为一个空白单元格。

2. 不相邻单元格的数据求和

要将单元格 B2、C5 和 D4 中的数据之和填入单元格 E6 中，操作如下：

选定单元格 E6 并输入"="，双击求和"自动求和"按钮；接着单击单元格 B2，键入"，"，单击单元格 C5，键入"，"，单击单元格 D4，这时在编辑栏和单元格 E6 中可以看到公式"=SUM(B2，C5，D4)"，按 <Enter> 键确认后，公式建立完毕。

3. 快速找到所需的函数

函数应用是 WPS 表格中经常要使用的。可是，如果对系统提供的函数不是很熟悉的话，有什么办法可以快速找到需要的函数呢？

假如需要利用函数对数据进行排序操作，可以通过先单击"公式"选项卡中的"插入函数"按钮，在"插入函数"对话框的"查找函数"文本框中直接输入所需的函数的功能，如直接输入"日期"两个字，"选择函数"窗口中就会列出几个关于日期的函数。单击某个函数，下面就会显示该函数的具体功能，如图 8-16 所示。

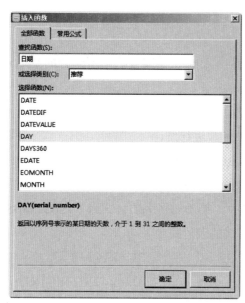

▲　图8-16　"插入函数"对话框

8.5.2　公式编辑技巧

1. 利用公式设置加权平均

加权平均在财务核算和统计工作中经常用到，这并不是一项很复杂的计算，关键是要理解加权平均值其实就是总量值 (如金额) 除以总数量得出的单位平均值，而不是简单地将各个单位值 (如单价) 平均后得到的单位值。在 WPS 表格中可设置公式来计算加权平均值 (其实就是一个除法算式)，分母是各个量值之和，分子是相应的各个数量之和，其结果就是这些量值的加权平均值。

2. 在公式中引用其他工作表单元格数据

公式中一般可以用单元格符号来引用单元格的内容，但通常位于同一个工作表中。如果要在公式中引用其他工作表中的单元格，该如何实现呢？

要引用其他工作表的单元格可以使用以下方法来表示：公式为"工作表名称 + "!" + 单元格名称"。例如，要将 Sheet1 工作表中 A1 单元格的数据和 Sheet2 工作表中 B1 单元格的数据相加，可以表示为"=Sheet1!A1+Sheet2!B1"。

8.6 拓展训练

选择题

1. 在 WPS 表格中，要统计某列数据中所包含的空单元格个数，最佳的方法是 (   )。

A. 使用 COUNTA 函数进行统计

B. 使用 COUNT 函数进行统计

C. 使用 COUNTBLANK 函数进行统计

D. 使用 COUNTIF 函数进行统计

2. 在 WPS 表格中，某单元格中的公式为"=$B$1+$B$2"，如果使用 R1C1 的引用样式，则该公式的表达式为 (   )。

A. =R[-2]C2+R2C2   B. =R1C2+R2C2

C. =R1C+R2C   D. =R[-2]C2+R[-1]C2

3. 在 WPS 表格的单元格 R1C1 引用样式下，单元格 R7C8 中的公式为"=R[3]C[-2]"，则其所引用的单元格为 (   )。

A. R10C6   B. R6C10

C. R4C10   D. R4C6

4. WPS 表格工作表 D 列保存了 18 位身份证号码信息，为了保护个人隐私，需将身份证信息的第 9 到第 12 位用"*"表示，以单元格 D2 为例，最优的操作方法是 (   )。

A. =MID(D2，1，8) +"****"+MID(D2，13，6)

B. =CONCATENATE(MID(D2，1，8)，"****"，MID(D2，13，6))

C. =REPLACE(D2，9，4，"****")

D. =MID(D2，9，4，"****")

5. 小胡利用 WPS 表格对销售人员的销售额进行统计，销售工作表中已包含每位销售人员对应的产品销量，且产品销售单价为 308 元，计算每位销售人员销售额的最优操作方法是 (　　)。

A. 直接通过公式 "= 销量 ×308" 计算销售额

B. 将 "单价 308" 定义名称为 "单价"，然后在计算销售额的公式中引用该名称

C. 将 "单价 308" 输入到某个单元格中，然后在计算销售额的公式中绝对引用该单元格

D. 将 "单价 308" 输入到某个单元格中，然后在计算销售额的公式中相对引用该单元格

6. 以下错误的 WPS 表格公式形式是 (　　)。

A. =SUM(B3:E3)*SFS3　　　　　　B. =SUM(B3:3E)*F3

C. =SUM(B3:$E3)*F3　　　　　　　D. =SUM(B3:E3)*F$3

7. 在 WPS 表格中，单元格 A1 中的公式为 "=SUM(B$2:C$3)"，将其复制到单元格 D4，则单元格 D4 中的公式为 (　　)。

A. =SUM(E$5:F$6)　　　　　　　B. =SUM(B$2:C$3)

C. =SUM(E$2:F$3)　　　　　　　D. =SUM(B$5:C$6)

8. 在 2021 年的某一天，使用 WPS 表格输入日期，并显示为 "2021 年 2 月 1 日"，最快捷的操作方法是 (　　)。

A. 输入 "2021/2/1"，并设置格式

B. 输入 "21/2/1"，并设置格式

C. 输入 "2/1"，并设置格式

D. 直接输入 "21/2/1" 即可

9. 高一各班的成绩分别保存在独立的工作簿中，老师需要将这些数据合并到一个工作簿中统一管理，最优的操作方法是 (　　)。

A. 使用复制、粘贴命令

B. 使用移动或复制工作表功能

C. 使用合并表格功能

D. 使用插入对象功能

10. 小荆在 WPS 表格中制作一份学生档案，他希望将另一工作簿中 "学号" 列中的数据在保留原列宽的前提下，复制到当前工作表中，最优的操作方法是 (　　)。

A. 选中数据区域，通过 "复制 / 粘贴 / 格式" 功能进行复制

B. 选中数据区域，通过按 <Ctrl+C> 键，接着按 <Ctrl+V> 键进行复制

C. 选中数据区域，通过 "复制 / 粘贴 / 保留源列宽" 功能进行复制

D. 选中数据区域，通过 "复制 / 粘贴 / 保留源格式" 功能进行复制

任务9　图表操作——2020年农林牧渔业总产值及其增长速度图表

9.1　任务简介

本任务要求学生根据"2020年农林牧渔业总产值及其增长速度"工作表，制作"2020年农林牧渔业总产值"饼图，如图9-1所示，同时制作"2020年农林牧渔业增长速度"柱形图，如图9-2所示。对图表做适当的格式化处理后，打印出来进行上报，以利于制订下一阶段的工作计划。

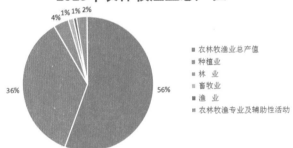

▲ 图9-1　总产值饼图效果

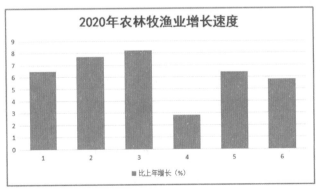

▲ 图9-2　增长速度柱形图效果

9.2　任务目标

本任务涉及的主要知识点：图表的创建、图表中数据的添加、图表类型的更改、图表的打印。

学习目标：

- 掌握更改图表类型的方法。
- 掌握设置图表选项的方法。
- 掌握美化图表标题的方法。
- 掌握打印图表的方法。

思政目标：

- 增强学生的民族自豪感和社会责任感。
- 培养学生严谨认真、一丝不苟的工作态度。
- 培养学生的创造力和审美意识。
- 培养学生良好的职业道德与敬业精神。
- 培养学生的合作意识和沟通能力。

9.3　任务实现

图表是一种能很好地将对象属性数据进行直观、形象地可视化的手段。在日常工作中，常常会遇到分析销售业绩、分析学生成绩等情况，采用图表分析会更加直观。

9.3.1　创建总产值饼图

在创建图表之前，先创建一个新的工作簿并进行相关的格式设置。操作步骤如下。

(1) 新建一个工作簿文件"2020 年农林牧渔业总产值及其增长速度 .et"，在工作表 Sheet1 中输入数据，对表格进行居中、添加边框等相关设置，如图 9-3 所示。

创建总产值
饼图

	A	B	C	D
1		2020年农林牧渔业总产值及其增长速度		
2		指标名称	绝对数（亿元）	比上年增长（%）
3		农林牧渔业总产值	4358.62	6.5
4		种植业	2781.8	7.7
5		林 业	293.66	8.2
6		畜牧业	101.01	2.8
7		渔 业	61.09	6.4
8		农林牧渔专业及辅助性活动	203.05	5.8
9				
10				
11				

▲ 图9-3 "农林牧渔业总产值及其增长速度"工作表

(2) 选中单元格区域"B2:C8"，切换到"插入"选项卡，单击"全部图表"按钮，如图 9-4 所示。在弹出的"插入图表"对话框中，选择"饼图"选项，在"饼图"图表中选择第一个"饼图"样式，单击"插入"按钮，如图 9-5 所示。图表创建完成，如图 9-6 所示。

▲ 图9-4 单击"全部图表"按钮

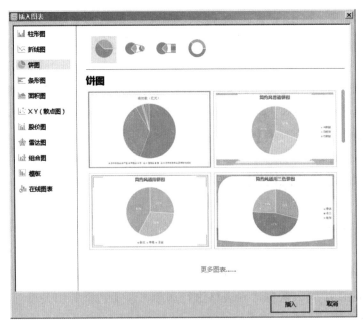

▲ 图9-5 "插入图表"对话框

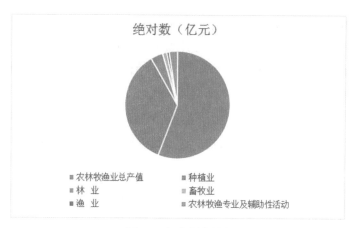

▲ 图9-6 初步制作的饼图

(3) 选中图表, 切换到"图表工具"选项卡, 单击"快速布局"按钮, 在弹出的下拉列表中选择"布局 6"选项, 如图 9-7 所示。单击文字"绝对数 (亿元)", 重新输入标题文本"2020 年农林牧渔业总产值", 如图 9-8 所示。

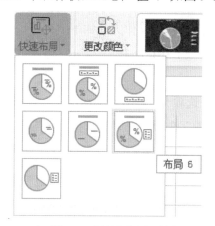

▲ 图9-7 "快速布局"按钮

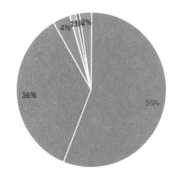

▲ 图9-8 重新输入图表标题文本

(4) 设置图表标题格式。单击图表，选中图表标题，单击鼠标右键，在弹出的快捷菜单中选择"字体"命令，打开"字体"对话框，在"字体"选项卡中设置外文、中文字体均为"黑体"，"字号"为"18""加粗"。单击"确定"按钮，完成对图表标题字体的设置。

(5) 单击图表，再单击图表中的任意一个数据标签，就选择了图表中的全部数据标签；再次单击某个数据标签，则该数据标签为当前选中的数据标签，可用鼠标将其移动到合适的位置。用同样的方法将其他数据标签移动到合适的位置，使数据标签不再重叠，清晰可见。调整后的"2020年农林牧渔业总产值"饼图如图9-1所示。

(6) 将鼠标指针移动到图表的边框上，当指针变为十字形箭头时，拖动鼠标到合适的位置。

9.3.2 创建增长速度柱形图

创建增长速度柱形图的具体操作方法如下：

(1) 选中单元格区域B3:B8，按住 <Ctrl> 键不放，再选中单元格区域"D3:D8"。

(2) 切换到"插入"选项卡，单击"全部图表"按钮，在弹出的"插入图表"对话框中，选择"柱形图"选项，在"簇状柱形图"图表中选择"簇状柱形图"样式，单击"插入"按钮，如图9-9所示。图表在工作表中创建完成，如图9-10所示。

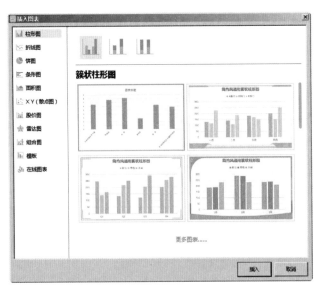

▲ 图9-9 "插入图表"对话框

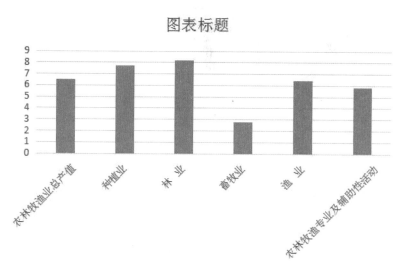

▲ 图9-10　初步制作的柱形图

(3) 单击图表，切换到"图表工具"选项卡；单击"快速布局"按钮，在弹出的下拉列表中选择"布局 3"选项，如图 9-11 所示。单击文字"图表标题"，重新输入标题文本"2020 年农林牧渔业增长速度"，如图 9-12 所示。

▲ 图9-11　"快速布局"按钮

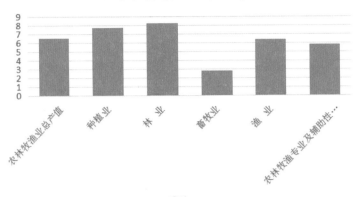

▲ 图9-12　重新输入图表标题文本

(4) 单击图表，选中图例"系列1"，单击鼠标右键，在弹出的下拉列表中选择"选择数据"选项，如图9-13所示。在弹出的"编辑数据源"对话框中，单击"图表数据区域(D)"文本框后的"收缩"按钮，缩小对话框，如图9-14所示。按住左键，拖动鼠标，选中单元格区域"D2:D8"，如图9-15所示。单击"展开"按钮，返回"编辑数据源"对话框，此时"图表数据区域"文本框中显示选中的单元格区域，单击"确定"按钮，图例文字修改完成，效果图如图9-16所示。

▲ 图9-13　选择"选择数据"选项

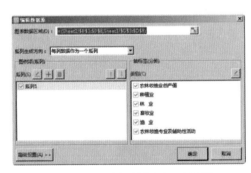

▲ 图9-14　"编辑数据源"对话框

指标名称	绝对数（亿元）	比上年增长（%）
农林牧渔业总产值	4358.62	6.5
种植业	2781.8	7.7
林业	293.66	8.2
畜牧业	101.01	2.8
渔业	61.09	6.4
农林牧渔专业及辅助性活动	203.05	5.8

▲ 图9-15　选择单元格区域

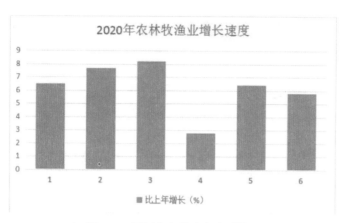

▲ 图9-16　图例文字修改完成后效果图

(5) 设置图表中标题、颜色、边框等格式，完成的效果图如图 9-2 所示。

(6) 将鼠标指针移动到图表的边框上，当指针变为十字形箭头时，拖动鼠标到合适的位置。

9.3.3　打印图表

如需单独打印图表，操作步骤如下。

(1) 单击表格中的图表，执行"文件"→"页面设置"命令，弹出"页面设置"对话框，如图 9-17 所示。切换至"页眉 / 页脚"选项卡，单击"自定义页脚 (U)"按钮，如图 9-18 所示。

打印图表

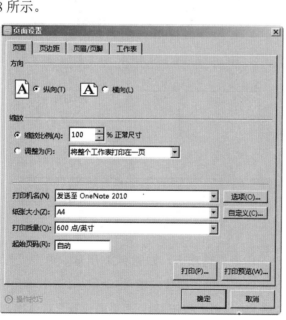

▲ 图9-17　打印设置

▲ 图9-18　"页面设置"对话框

(2) 打开"页脚"对话框,在"左 (L)"文本框中输入公司名称,在"中 (C)"文本框内输入"制作人:张三",在"右 (R)"文本框内输入"制作日期:",然后单击"日期"按钮,结果如图 9-19 所示,单击"确定"按钮。

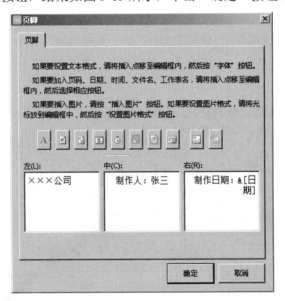

▲ 图9-19　设置页脚

(3) 切换至"工作表"选项卡,如图 9-20 所示。单击"打印区域"文本框后的"收缩"按钮,缩小对话框。按住左键,拖动鼠标,选中单元格区域"A9:E26",如图 9-21 所示。单击"展开"按钮,返回"页面设置"对话框,此时"打印区域"文本框中显示所选中的单元格区域,单击"确定"按钮,设置完成。

▲ 图9-20 "工作表"选项卡

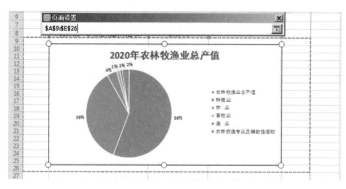

▲ 图9-21 设置"打印区域"

(4) 单击"打印 (P)"按钮，即可单独打印图表，打印效果图如图 9-22 所示。

▲ 图9-22 单独打印图表的效果

(5) 如需打印整个工作表，则单击工作表的任意单元格，执行"文件"→"打印"命令即可。

9.3.4 任务小结

通过本任务,我们学习了使用 WPS 表格制作图表的相关操作。操作中需要注意以下几点。

(1) 完整的图表主要由图表区、绘图区和图例三部分组成。在表格中插入图表后,图表默认的位置和大小一般都不能达到预期的效果,此时需要对其进行修改。对各部分的操作既可以通过"图表工具"选项卡中的相关命令来实现,也可以选中要进行修改的部分,单击鼠标右键使用快捷菜单中的命令来实现。

(2) 图表中的数据与工作表的数据是相链接的,对工作表的数据进行修改后,图表中对应的数据系列也会随之发生改变;而对图表中的数据系列进行修改时,表格对应单元格的数据也会随之发生变化。

(3) 不同类型的图表体现的数据信息也不同。下面对图表类型中的常用类型进行介绍。

· 柱形图:它是最常用的图表类型之一,用以显示一段时间内数据的变化或者描述项目之间数据的比较。

· 条形图:用来描绘各项目之间数据的差别情况,强调在特定时间点上分类轴和数据值的比较。

· 折线图:用于显示时间间隔内数据的变化趋势,强调的是时间性和变动性。

· 饼图:用于显示数据系列中的项目和该项目数据总和的比例关系。

· XY 散点图:可以显示单个或多个数据系列的数据在某种间隔条件下的变化趋势。

· 面积图:用于显示每个数值的变化值,强调数据随时间变化的幅度。

· 圆环图:用于显示数据系列相对于中心点以及相对于彼此数据类别间的变化。

· 雷达图:用于比较若干数据系列的聚合值。

· 曲面图:以平面来显示数据变化趋势,相同的颜色或图案用于表示在同一取值范围内的区域。

· 气泡图:它在散点图的基础上附加了数据系列,气泡图中的两个轴都是数据轴。

• 股价图：用于描绘股票价格的走势。

• 圆柱图、圆锥图、棱锥图：这 3 种图表类别基本相同，可看作是"三维柱形图"和"三维条形图"的变形，每一种图表又有 7 种子类型，与柱形图和条形图的子类型基本一致。

9.4　相关知识

1. 认识图表

图表是数据的图形化表现形式，在数据呈现方面独具优势。相较于文字描述和表格数据而言，可视化图表可以更加清晰和直观地反映数据信息，帮助用户更好地了解数据间的对比差异、比例关系及变化趋势。

2. 图表组成元素

图表的基本组成元素通常包括：

1) 图表区

图表区包含整个图表及其全部元素。通常在图表中的空白处点击即可选定整个图表区。选定图表区时，将显示图表对象边框以及 8 个控制点，通过拖放控制点可以调整图表的大小及长宽比例。选定图表区后，可以快速统一设置图表中字符的字体、字号和颜色。

2) 绘图区

绘图区为图表中的图形区域，即以坐标轴界定的矩形区域。选定绘图区时，将显示绘图边框以及 8 个控制点，通过拖放控制点可以调整绘图区大小，以适合图表的整体效果。

3) 图表标题

图表标题显示在绘图区上方的类文本框中，用于说明图表要展示的核心思想。

4) 坐标轴标题

坐标轴标题显示在坐标轴外侧的类文本框中，用于对坐标轴内容进行标识。

5) 坐标轴

坐标轴分为主要横坐标轴（默认显示）、主要纵坐标轴（默认显示）、次要横坐标轴和次要纵坐标轴 4 种。坐标轴按引用数据类型不同，可以分为数据轴、分类轴、时间轴和序列轴 4 种。坐标轴可以调整刻度值大小、刻度线、坐标轴交叉、标签的数字格式与单位。

6) 数据系列

数据系列由一个或多个数据点构成，在绘图区中表现为点、线、面等图形。每个数据点对应于一个单元格内的数据，每个数据系列对应于工作表中的一行或一列数据。当图表中包含多个数据系列时，可以指定数据系列绘制在主坐标轴或次坐标轴。

7) 数据标签

数据标签用于标识数据系列中的数据点的详细信息。

8) 图例

图例用于对数据系列进行说明标识，由图例项和图例项标识组成。当图表中只有一个数据系列时，默认不显示图例；当包含多个数据系列时，则默认在绘图区下方显示图例。

9) 数据表

数据表可显示图表中所有数据系列的源数据列表，可以在一定程度上取代图例、数据标签、主要横坐标轴和刻度值。系统一般会默认不显示数据表，如果设置了显示则固定在绘图区下方。

10) 快捷按钮

选定图表时会在右上方自动显示快捷按钮。"图表元素"快捷按钮可以快速添加、删除或更改图表元素(例如标题、图例、网络线和数据标签)。"图表样式"快捷按钮可以快速设置图表样式和配色方案。"图表筛选器"快捷按钮可以快速选择要在图表上显示哪些数据点和名称。"在线图表"快捷按钮可以快速应用更丰富的图表样式，需联网使用。"设置图表区域格式"按钮可以显示"属性"任务窗格以微调所选图表元素的格式。

除此之外，在不同类型的图表中还可以添加趋势线、误差线、线条以及涨跌柱线等元素，默认情况下，某类图表可能只显示其中的部分元素，用户可以根据需要添加或删除图表元素。

9.5 操作技巧

1. 利用组合键直接在工作表中插入图表

在工作表中快速插入图表要利用组合键。先选中要创建图表的单元格区域，然后按下 <Alt+F1> 组合键，即可快速建立一个图表。

2. 快速设置图表样式

可以为图表轻松套用 WPS 表格提供的多种内置图表样式，操作方法如下：选中图表，单击"更改类型"按钮，选择"图表样式"组中的其它样式即可。也可以单击"在线图表"按钮，选择其它样式。

9.6　拓展训练

选择题

1. 在 WPS 表格中，要想使用图表绘制一元二次函数图像，应当选择的图表类型是（　　）。

A. 散点图　　　　　　　　B. 折线图

C. 雷达图　　　　　　　　D. 曲面图

2. 在 WPS 表格中，需要展示公司各部门的销售额占比情况，比较适合的图表是（　　）。

A. 柱形图　　　　　　　　B. 条形图

C. 饼图　　　　　　　　　D. 雷达图

任务10 数据统计与分析
—— 学校招聘人员成绩汇总表

10.1 任务简介

本任务要求学生将学校招聘人员的信息进行汇总分析，从而帮助管理人员从中挑选出适合学校发展的人才。现需要对其中部分人员的成绩进行修改，之后对数据进行排序，筛选出被录用的人员，并按专业进行分类汇总，如图 10-1 所示。最后制作出数据透视图，如图 10-2 所示。

序号	姓名	性别	出生年月	专业	应聘职位	笔试成绩	面试成绩	总评成绩
				学校招聘人员成绩汇总表				
18	刘大林	男	1997/11/22	中文	行政岗	76.0	77.0	76.5
22	刘利华	女	1998/03/22	中文	行政岗	76.0	65.0	70.5
				中文 最大值		76.0	77.0	
2	王华敏	女	1998/05/06	智能制造工程	实训教师岗	87.0	85.0	86.0
				智能制造工程 最大值		87.0	85.0	
8	李玉英	女	1996/07/27	哲学	辅导员岗	90.0	80.0	85.0
				哲学 最大值		90.0	80.0	
7	伍小梦	女	1985/11/05	应用心理学	辅导员岗	28.0	44.5	36.3
				应用心理学 最大值		28.0	44.5	
20	刘 俊	男	1998/06/25	信息工程	实训教师岗	78.0	87.0	82.5
				信息工程 最大值		78.0	87.0	
16	姜 波	男	1996/09/17	信息安全	专业教师岗	47.5	33.5	40.5
				信息安全 最大值		47.5	33.5	
1	潘大山	男	1998/08/17	新能源汽车工程	专业教师岗	67.0	93.0	80.0
				新能源汽车工程 最大值		67.0	93.0	
30	王明忠	男	1998/05/04	心理学	辅导员岗	77.0	79.0	78.0
24	江 平	男	1989/09/30	心理学	辅导员岗	38.0	47.0	42.5
				心理学 最大值		77.0	79.0	
11	刘欢林	男	1994/08/29	物联网工程	实训教师岗	42.5	33.5	38.0
				物联网工程 最大值		42.5	33.5	
14	王新玉	女	1989/05/09	文秘专业	辅导员岗	90.0	89.0	89.5
				文秘专业 最大值		90.0	89.0	

▲ 图10-1 按专业汇总面试、笔试成绩结果

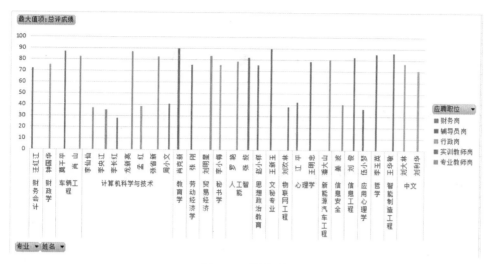

▲ 图10-2　数据透视图

10.2　任务目标

本任务涉及的知识点主要有：记录单的使用，数据的排序，数据的筛选，数据分类汇总，数据透视表和数据透视图的创建。

学习目标：

- 掌握数据记录单的使用方法。
- 掌握数据的排序方法。
- 掌握数据的筛选方法。
- 掌握数据的分类汇总方法。
- 掌握数据透视表、数据透视图的创建方法。

思政目标：

- 培养学生观察问题、分析问题、解决问题的能力。
- 培养学生良好的团队意识和沟通能力。
- 培养学生精益求精、追求卓越的工匠精神。
- 培养学生实事求是、公平公正的工作态度。
- 培养学生良好的职业道德和职业素养。

10.3 任务实现

WPS 表格具有强大的数据管理功能,通过它能轻松地完成复杂的数据管理、统计工作,特别是在处理庞大数据量的表格时,该功能显得尤为重要。

10.3.1 利用记录单管理数据

利用记录单
管理数据

在向一个数据量较大的工作表中插入一行新记录的过程中,有许多时间被浪费在来回切换行和列的位置上,这对数据的修改、查询非常不方便,而 WPS 表格的"记录单"功能可以帮助用户在一个小窗口中完成数据的输入工作。使用记录单操作工作表中的数据记录相对更方便、快捷。

WPS 表格中,"记录单"功能被隐藏了,需要手动打开才可以使用。打开"记录单"功能的操作步骤如下。

(1) 执行"文件"→"选项"命令,如图 10-3 所示,打开"选项"对话框。

(2) 在"选项"对话框的左侧窗格中选择"自定义功能区"选项,在右侧窗格中选择"开始"主选项卡,然后单击"新建组"按钮,在中间窗格的"从下列位置选择命令"下拉列表中选择"不在功能区中的命令"选项,在下面的列表框中选择"记录单"选项,最后单击"添加"按钮,如图 10-4 所示。

▲ 图10-3 执行"选项"命令

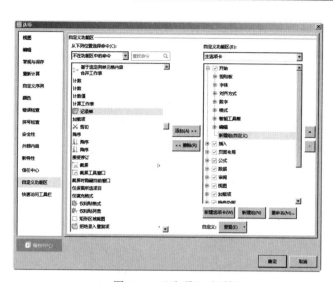

▲ 图10-4　"选项"对话框

(3) 单击"确定"按钮,"记录单"功能按钮被添加到"开始"选项卡中,如图 10-5 所示。

▲ 图10-5　添加"记录单"后的效果

记录单添加完成后即可利用记录单进行数据管理,具体操作步骤如下。

(1) 打开素材中的"学校招聘人员成绩汇总表 .et"工作簿,在"Sheet1"工作表中选择包含数据信息的任意单元格,然后单击"开始"选项卡中的"记录单"按钮,打开记录单对话框。

(2) 在记录单对话框中单击右侧的"条件"按钮,打开新的对话框,在"姓名"文本框中输入关键字"姜　波",如图 10-6 所示,然后按 <Enter> 键将该条记录的所有数据信息显示出来。

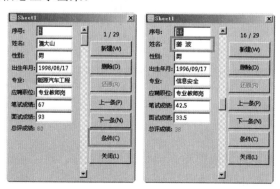

▲ 图10-6　查找要修改的记录

(3) 将插入点定位到"笔试成绩"文本框中，利用 <Delete> 键将原始成绩删除，然后重新输入新的笔试成绩"47.5"，如图 10-7 所示，单击"关闭"按钮，完成对姜波笔试成绩的修改。

▲ 图10-7　修改记录

(4) 再次单击"记录单"按钮，打开记录单对话框。单击右侧的"新建"按钮，在对话框中输入新添加记录的相关数据，如图 10-8 所示，然后按 <Enter> 键将记录添加到工作表中。

▲ 图10-8　添加新记录

(5) 单击右侧的"关闭"按钮，返回表格中查看修改和添加记录后的效果。

10.3.2　数据排序

数据排序

排序是指按指定的字段值重新调整记录的顺序。这个指定的字段称为排序关键字。通常数字由小到大、文本按照拼音字母顺序、日期从最早的日期到最

晚的日期的排序称为升序；反之，称为降序。另外，若要排序的字段中含有空
白单元格，则该行数据总是排在最后。排序分为简单排序和高级排序。简单排
序的操作很简单，单击需要排序的列中的任意单元格，然后切换到"数据"选
项卡，再单击"升序"或"降序"按钮即可，如图 10-9 所示。

▲　图10-9　排序按钮

本任务中，当表格中出现相同的数据时，简单排序无法满足实际要求，需
要通过高级排序的方式对表格中的"面试成绩"进行降序排列，具体操作步骤
如下。

(1) 选择需要排序的单元格区域"A2:I32"，切换到"数据"选项卡，单击"排
序"按钮，打开"排序"对话框，如图 10-10 所示。

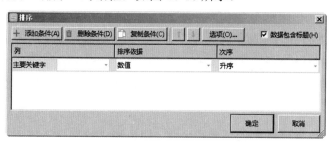

▲　图10-10　"排序"对话框

(2) 单击"添加条件"按钮，在"主要关键字"下拉列表中选择"面试成绩"
选项，然后在"次序"栏所在的下拉列表中选择"降序"选项；在"次要关键字"
下拉列表中选择"笔试成绩"选项，然后在"次序"栏所在的下拉列表中选择"降
序"选项，如图 10-11 所示。

▲　图10-11　设置排序关键字

(3) 返回工作表后，面试成绩即按降序方式进行排列，当遇到相同数据时，
再根据笔试成绩进行降序排列，排序后的效果如图 10-12 所示。

序号	姓名	性别	出生年月	专业	应聘职位	笔试成绩	面试成绩	总评成绩
9	莫千平	男	1998/08/26	车辆工程	实训教师岗	79.0	95.0	87.0
1	潘大山	男	1998/08/17	新能源汽车工程	专业教师岗	67.0	93.0	80.0
3	钟国华	女	1999/07/15	财政学	行政岗	60.0	90.0	75.0
14	王新王	女	1989/05/09	文秘专业	辅导员岗	90.0	89.0	89.5
21	肖克新	男	1997/03/02	教育学	辅导员岗	90.0	89.0	89.5
4	刘明星	男	1997/04/06	贸易经济	专业教师岗	78.0	88.0	83.0
28	龙新亮	男	1995/11/08	计算机科学与技术	专业教师岗	87.0	87.0	87.0
20	刘 俊	男	1998/06/25	信息工程	实训教师岗	78.0	87.0	82.5
2	王华敏	男	1998/05/06	智能制造工程	实训教师岗	87.0	85.0	86.0
13	赵小祥	女	1996/02/15	思想政治教育	辅导员岗	67.0	83.0	75.0
15	李小梅	女	1995/03/03	秘书学	行政岗	68.0	82.0	75.0
8	李玉英	女	1996/07/27	哲学	辅导员岗	90.0	80.0	85.0
30	王明忠	男	1998/05/04	心理学	辅导员岗	77.0	79.0	78.0
12	肖 山	女	1999/02/18	车辆工程	专业教师岗	87.0	78.0	82.5

▲ 图10-12　排序后的效果

10.3.3　数据筛选

数据筛选是指隐藏不希望显示的数据，而只显示指定条件的数据行的过程。WPS 表格提供的自动筛选和高级筛选功能，能快速而方便地从大量数据中查询出需要的信息。

本任务要求学生筛选出总评成绩在 80 分以上的招聘人员，具体操作步骤如下。

(1) 单击数据区域中的任意单元格，切换到"数据"选项卡，再单击"自动筛选"按钮，表格中每个标题右侧将显示"自动筛选"按钮，如图 10-13 所示。

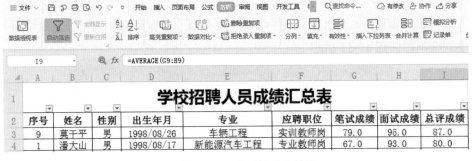

▲ 图10-13　"自动筛选"按钮

(2) 单击"总评成绩"右侧的下拉按钮，从下拉菜单中选择"数字筛选"→"大于或等于"命令，如图 10-14 所示。打开"自定义自动筛选方式"对话框，在"大于或等于"右侧的下拉列表中输入"80"，如图 10-15 所示。单击"确定"按钮，实现对总评成绩的自动筛选，效果如图 10-16 所示。

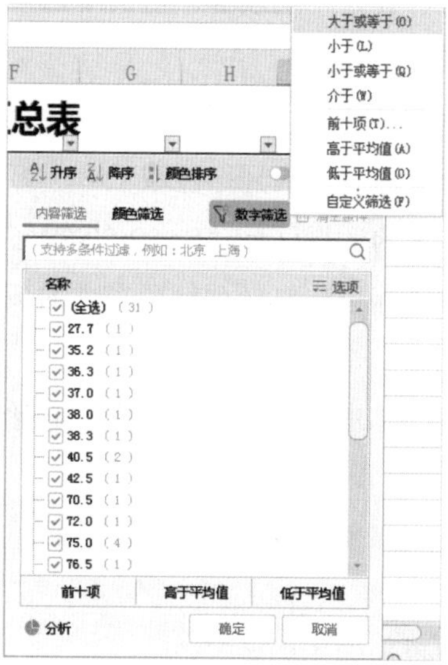

▲ 图10-14 “数字筛选”命令

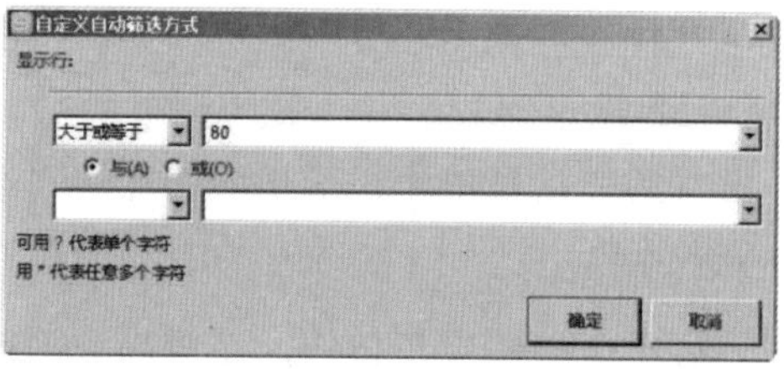

▲ 图10-15 “自定义自动筛选方式”对话框

	A	B	C	D	E	F	G	H	I
1	学校招聘人员成绩汇总表								
3	9	莫千平	男	1998/08/26	车辆工程	实训教师岗	79.0	95.0	87.0
4	1	潘大山	男	1998/08/17	新能源汽车工程	专业教师岗	67.0	93.0	80.0
6	14	王新玉	女	1989/05/09	文秘专业	辅导员岗	90.0	89.0	89.5
7	21	肖克新	男	1997/03/02	教育学	辅导员岗	90.0	89.0	89.5
8	4	刘明星	男	1997/04/06	贸易经济	专业教师岗	78.0	88.0	83.0
9	28	龙新亮	男	1995/11/08	计算机科学与技术	专业教师岗	87.0	87.0	87.0
10	20	刘 俊	男	1998/06/25	信息工程	实训教师岗	78.0	87.0	82.5
11	2	王华敏	女	1998/05/06	智能制造工程	实训教师岗	87.0	85.0	86.0
14	8	李玉英	女	1996/07/27	哲学	辅导员岗	90.0	80.0	85.0
16	12	肖 山	女	1999/02/18	车辆工程	专业教师岗	87.0	78.0	82.5
17	10	张 姣	女	1997/05/19	人工智能	实训教师岗	87.0	77.0	82.0
19	6	张省新	男	1996/05/13	计算机科学与技术	专业教师岗	89.0	76.0	82.5

▲ 图10-16 自动筛选后的效果

自动筛选只能对某列数据进行两个条件的筛选，并且对不同列之间的数据进行同时筛选时，只能是“与”的关系。对于其他筛选条件，如需筛选出总成绩在 80 分以上或为计算机科学与技术专业的招聘人员，此时就要使用高级筛选功能，具体操作步骤如下。

(1) 将单元格区域“A2:I2”复制到单元格区域 K2:S2。在 O3 单元格中输入“计算机科学与技术”，在单元格 S4 中输入“>=80”，即可建立起条件区域，如图 10-17 所示。

	J	K	L	M	N	O	P	Q	R	S
1										
2		序号	姓名	性别	出生年月	专业	应聘职位	笔试成绩	面试成绩	总评成绩
3						计算机科学与技术				
4										>=80

▲ 图10-17 指定高级筛选条件

(2) 单击数据区域中的任意单元格，切换到"数据"选项卡，然后单击"高级筛选"按钮，打开"高级筛选"对话框。

(3) 在"方式"栏内选中"将筛选结果复制到其它位置"单选按钮 (如选择"在原有区域显示筛选结果"单选按钮，则不用指定"复制到"区域)。

(4) 在"列表区域"框中指定要进行高级筛选的数据区域"$A$2:$I$32"。

(5) 将光标移至"条件区域"中，然后拖动鼠标指定包括列标题在内的条件区域"$K$2：$S$4"。

(6) 将光标移至"复制到"框中，然后用鼠标单击筛选结果复制到的起始单元格"$K$8"。

(7) 若要从结果中排除相同的行，则选中"选择不重复的记录"复选框，如图 10-18 所示。

(8) 单击"确定"按钮，完成高级筛选，效果如图 10-19 所示。

▲ 图10-18 "高级筛选"对话框

序号	姓名	性别	出生年月	专业	应聘职位	笔试成绩	面试成绩	总评成绩
				计算机科学与技术				
								>=80
序号	姓名	性别	出生年月	专业	应聘职位	笔试成绩	面试成绩	总评成绩
9	莫干平	男	1998/08/26	车辆工程	实训教师岗	79.0	95.0	87.0
1	潘大山	男	1998/08/17	新能源汽车工程	专业教师岗	67.0	93.0	80.0
14	于新玉	女	1989/05/09	文秘专业	辅导员岗	90.0	89.0	89.5
21	肖克新	男	1997/03/02	教育学	辅导员岗	90.0	89.0	89.5
4	刘明星	男	1997/04/06	贸易经济	专业教师岗	78.0	88.0	83.0
28	龙新亮	男	1995/11/08	计算机科学与技术	专业教师岗	87.0	87.0	87.0
20	刘 俊	男	1998/09/16	信息工程	实训教师岗	78.0	87.0	82.5
2	于华敏	女	1998/05/06	智能制造工程	实训教师岗	87.0	85.0	86.0
8	李玉英	女	1996/07/27	哲学	辅导员岗	90.0	80.0	85.0
12	肖 山	女	1999/02/18	车辆工程	实训教师岗	87.0	78.0	82.5
10	张 姣	女	1997/05/19	人工智能	实训教师岗	87.0	77.0	82.0
6	张省新	男	1996/05/13	计算机科学与技术	专业教师岗	89.0	76.0	82.5
25	李央汀	男	1988/09/04	计算机科学与技术	专业教师岗	27.0	43.5	35.2
26	李仙仙	女	1985/02/15	计算机科学与技术	专业教师岗	33.5	40.5	37.0
27	周小文	男	1999/05/14	计算机科学与技术	实训教师岗	44.0	37.0	40.5
19	孟 红	女	1995/10/06	计算机科学与技术	行政岗	42.5	34.0	38.3
5	李长红	男	1996/07/12	计算机科学与技术	实训教师岗	27.5	28.0	27.7

▲ 图10-19 高级筛选的效果

10.3.4 按专业汇总面试、笔试成绩

分类汇总是指根据指定的类别将数据以指定的方式进行统计，进而快速地将大型表格中的数据进行汇总与分析，从而获得所需的统计结果。需要注意的是，在分类汇总前应将数据区域按关键字排序。分类汇总数据的操作步骤如下。

(1) 切换到"数据"选项卡，单击"自动筛选"按钮，取消上一步的自动筛选状态。

(2) 单击 E2 单元格，然后单击"降序"按钮。

(3) 选择需要排序的单元格区域"A2:I32"，切换到"数据"选项卡，单击"分类汇总"按钮，如图 10-20 所示，弹出"分类汇总"对话框。

▲ 图10-20 "分类汇总"按钮

(4) 在"分类字段"下拉列表框中选择"专业"选项，在"汇总方式"下拉列表框中选择"最大值"选项，在"选定汇总项"列表框中选中"面试成绩"和"笔试成绩"复选框，如图 10-21 所示。

(5) 单击"确定"按钮，即可按"专业"分类汇总出"笔试成绩"和"面试成绩"的最大值，效果如图 10-1 所示。

▲ 图10-21 "分类汇总"对话框

按专业汇总面试、笔试成绩

10.3.5 创建数据透视表和数据透视图

创建数据透视表
和数据透视图

数据透视表是一种对大量数据快速汇总和建立交叉表的交互式表格，用户可以转换行以查看数据源的不同汇总结果，可以显示不同页面以筛选数据，还可以根据需要显示区域中的明细数据。

数据透视图是以图形形式表示的数据透视表，它既可以像数据透视表一样更改其中的数据，还可以将数据以图表的形式直观地表现出来。

创建本任务中的数据透视表与数据透视图的操作步骤如下。

(1) 单击数据区域中的任意单元格，切换到"插入"选项卡，再单击"数据透视表"按钮，打开"创建数据透视表"对话框，如图 10-22 所示。

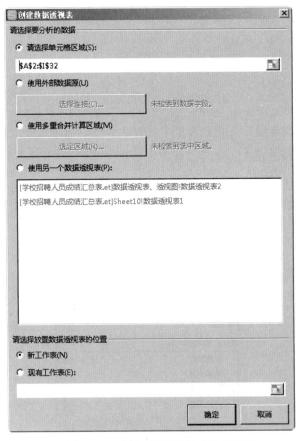

▲ 图10-22 "创建数据透视表"对话框

(2) 单击"确定"按钮，进入数据透视表设计环境。从"选择要添加到报表的字段"列表框中将"专业"和"姓名"字段拖到行字段区域，"应聘职位"字段拖到列字段区域，"总评成绩"字段拖到"数值"区域。

(3) 在工作表中单击文本"求和项：总评成绩"所在的单元格，切换到"分析"选项卡，单击"字段设置"按钮，打开"值字段设置"对话框。

(4) 单击"值汇总方式"选项卡，选中"值字段汇总方式"列表框中的"最大值"选项，如图 10-23 所示。

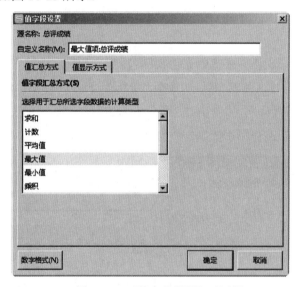

▲ 图10-23　"值字段设置"对话框

(5) 单击"确定"按钮，完成数据透视表设置，效果如图 10-24 所示。

▲ 图10-24　数据透视表效果图

(6) 选择数据透视表中的任意单元格，然后切换到"分析"选项卡，单击"数据透视图"按钮，如图 10-25 所示。

▲ 图10-25 "数据透视图"按钮

(7) 在弹出的"插入图表"对话框中选择"簇状柱形图"选项,然后单击"确定"按钮, 即可在表格中插入数据透视图表。

(8) 选择数据透视图表,然后切换至"分析"选项卡,单击"移动图表"按钮,弹出"移动图表"对话框,如图 10-26 所示。单击"选择放置图表的位置"中的"新工作表"单选按钮,再单击"确定"按钮,则数据透视图创建完成。

▲ 图10-26 "移动图表"对话框

10.3.6 任务小结

本任务主要通过使用 WPS 表格对数据进行统计分析, 了解数据分析的基本功能。操作中需要注意以下几点。

(1) 在记录单对话框中, 除了可以添加、修改和查找记录外, 还可以删除无用记录, 方法为: 选择除标题外其他含有数据的单元格, 然后打开记录单对话框, 单击右侧的"上一条"或"下一条"按钮, 切换到要删除的记录后, 单击"删除"按钮, 最后在打开的提示对话框中单击"确定"按钮, 即可成功删除所选的记录。

(2) 排序时, 可以通过"排序"对话框中的"选项"按钮进行"自定义排序"。

(3) 进行数据筛选时, 一定要注意自动筛选和高级筛选的区别。

自动筛选实现的效果可以用高级筛选来实现, 反之则不一定能实现。

自动筛选不用设定条件区域, 高级筛选则必须设定条件区域。

多条件自动筛选时, 不同字段各条件之间是"与"的关系; 多条件高级筛选时, 不同字段各条件之间可以是"与"也可以是"或"的关系。注意: 如果条件在同一行，则不同字段各条件之间是"与"的关系；如果条件不在同一行，则不同字段各条件之间是"或"的关系。

（4）对工作表中的数据进行分类汇总操作后，在工作表的左上角会自动显示"分级"按钮，单击该按钮可以控制汇总数据的显示方式。其中，单击按钮"1"，可隐藏分类后的所有数据，只显示分类汇总后的总计记录；单击按钮"2"，则只显示进行汇总的分类字段和选定的汇总项中的相关数据；再次单击按钮"1"，则显示所有分类数据。

（5）对于数据透视表或数据透视图中的无用字段，可以将其删除，操作方法为：将"数据透视表字段列表"窗格中的某个字段拖曳到窗格以外的区域即可。

10.4　相关知识

1. 数据排序

数据排序即按指定顺序排列数据，有助于用户直观地组织数据列表并快速查找所需数据。参与排序的数据列表通常需要有一个标题行且为多列的连续区域，很少单独对某一列进行排序。被整行空行隔开的数据区域在排序时会被分开处理，此时应先选定完整排序区域再执行排序操作。隐藏的行列不参与排序，因此排序前应先取消行列隐藏，以免原始数据被破坏。

2. 分类汇总管理数据

分类汇总指将数据按设置的类别进行分类，同时对汇总的数据进行求和、计数或乘积等统计。使用分类汇总功能时，用户不需要创建公式，系统会自动创建公式，对数据清单的某个字段运用诸如求和、计数之类的汇总函数，实现对分类汇总值的计算，并且将计算结果分级显示出来。

3. 数据筛选

数据筛选是指将数据列表中所有不满足条件的数据记录隐藏起来，只显示满足条件的数据记录，这是查找和处理数据列表中数据子集的一种快捷方法。

WPS 提供了两种数据筛选方式：

1）自动筛选

自动筛选适用于简单的筛选条件，可以是内容筛选、颜色筛选、特征筛选等。

2）高级筛选

高级筛选适用于复杂的筛选条件，支持多条件筛选、含运算符表达式筛

选等。

高级筛选是自动筛选的升级，其可以将自动筛选的定制条件改为自定义设置，功能上更加灵活，能够完成以下更复杂的任务：

(1) 可以构建更复杂的筛选条件。

(2) 可以将筛选结果复制到其他位置。

(3) 可以筛选出不重复的记录。

(4) 可以指定包含计算的筛选条件 。

4. 数据透视表

数据透视表是 WPS 表格进行数据分析和处理的重要工具。数据透视表是一种可以从源数据列表中快速汇总大量数据并提取有效信息的交互式报表，通过它可以快速计算和比较表格中的数据。

数据透视表有机地综合了数据排序、筛选、分类汇总等数据分析的优点，可以很方便地调整分类汇总的方式，从不同角度分析和比较数据，以多种方式展示数据的特征。一张数据透视表仅通过鼠标指针移动字段位置，即可变换出各种类型的报表。因此，数据透视表是最常用、功能最全的 WPS 表格中的数据分析工具之一。

10.5 操作技巧

1. 跨表操作数据

设有名称为 Sheet1、Sheet2 和 Sheet3 的 3 张工作表，现要用 Sheet1 工作表的 D8 单元格的内容乘以 30% 的结果，加上 Sheet2 工作表的 B8 单元格内容乘以 70% 的结果的总和，作为 Sheet3 工作表的 A8 单元格的内容，则应该在 Sheet3 的 A8 单元格中输入公式 "=Sheet1! D8 * 30% + Sheet2!B8 * 70% "。

2. 利用选择性粘贴命令完成一些特殊的计算

如果工作表中有大量数字格式的数据，并且希望将所有数字取负，则可使用"选择性粘贴"命令，操作方法如下。

在一个空单元格中输入"-1"，选择该单元格，执行"开始"→"剪贴板"→"复制"命令；选择目标单元格，然后再选择"开始"→"剪贴板"→"粘贴"→"选择性粘贴"命令，在"选择性粘贴"对话框中选中"粘贴"栏下的"数值"和"运算"栏下的"乘"，单击"确定"按钮，所有数字将与 -1 相乘。

使用该方法也可以将单元格中的数值同比扩大或缩小。

10.6 拓展训练

一、选择题

1. 在一份使用 WPS 表格编制的员工档案表中，依次输入序号、性别、姓名、身份证号 4 列。现需要将"姓名"列左移至"性别"列和"序号"列之间，最快捷的操作方法是(   )。

A. 选中"姓名"列，按下 <Shift> 键并用鼠标将其拖动到"性别"列和"序号"列之间即可

B. 先在"性别"列和"序号"列之间插入一个空白列，然后将"姓名"列移动到该空白列中

C. 选中"姓名"列并进行剪切，在"性别"列上单击右键并插入剪切的单元格

D. 选中"姓名"列并进行剪切，选择"性别"列再进行粘贴

2. 在一份包含上万条记录的 WPS 表格工作表中，每隔几行数据就有一个空行，删除这些空行的最优操作方法是(   )。

A. 选择整个数据区域，排序后将空行删除，然后恢复原排序

B. 选择整个数据区域，筛选出空行并将其删除，然后取消筛选

C. 选择数据区域中的某一列，通过"定位"功能选择空值并删除空行

D. 按下 <Ctrl> 键，逐个选择空行并删除

3. 初二年级各班的成绩单分别保存在独立的 WPS 表格工作簿文件中，李老师需要将这些成绩单合并到一个工作簿文件中进行管理，最优的操作方法是(   )。

A. 将各班成绩单中的数据分别通过"复制""粘贴"命令整合到一个工作簿中

B. 通过移动或复制工作表功能，将各班成绩单整合到一个工作簿中

C. 打开一个班的成绩单，将其他班级的数据录入到同一个工作簿的不同工作表中

D. 通过插入对象功能，将各班的成绩单整合到一个工作簿中

4. 以下对 WPS 表格的高级筛选功能，说法正确的是(   )。

A. 高级筛选通常需要在工作表中设置条件区域

B. 利用"数据"选项卡"排序和筛选"组内的"筛选"命令可进行高级筛选

C. 高级筛选之前必须对数据进行排序

D. 高级筛选就是自定义筛选

5. 在 WPS 表格中，公司的"报价单"工作表使用公式时引用了商业数据，他们想将发送给客户的工作表仅呈现计算结果而不保留公式细节，错误的做法是（   ）。

    A. 通过工作表标签右键菜单的"移动或复制工作表"命令，将"报价单"工作表复制到一个新的文件中

    B. 将"报价单"工作表输出为 PDF 格式文件

    C. 复制原文件中的计算结果，以"粘贴为数值"的方式，把结果粘贴到空白报价单中

    D. 将"报价单"工作表输出为图片

6. WPS 表格中，如果工作表的某单元格中的公式为"= 销售情况 !A5"，则其中的"销售情况"是指（   ）。

    A. 工作簿名称   B. 工作表名称

    C. 单元格区域名称   D. 单元格名称

7. WPS 表格中，某单元格公式的计算结果应为一个大于 0 的数，但却显示了错误信息"#####"。为了使结果正常显示，且不影响该单元格的数据内容，应进行的操作是（   ）。

    A. 使用"复制"命令

    B. 重新输入公式

    C. 加大该单元所在行的行高

    D. 加大该单元所在列的列宽

8. 在 WPS 表格中，设定与使用"主题"的功能是指（   ）。

    A. 标题   B. 一段标题文字

    C. 一个表格   D. 一组格式集合

9. 小韩在 WPS 表格中制作了一份通讯录，并为工作表数据区域设置了合适的边框和底纹，她希望工作表中默认的灰色网格线不再显示，最快捷的操作方法是（   ）。

    A. 在"页面设置"对话框中设置不显示网格线

    B. 在"视图"选项卡上的"工作表选项"组中取消勾选显示网格线

    C. 在后台视图的高级选项下，设置工作表不显示网格线

D. 在后台视图的高级选项下，设置工作表网格线为白色

10. 小王要将一份通过 WPS 表格整理的调查问卷统计结果送交经理审阅，这份调查表包含统计结果和中间数据两个工作表。他希望经理无法看到存有中间数据的工作表，最优的操作方法是（　　）。

A. 将存放中间数据的工作表删除

B. 将存放中间数据的工作表移动到其他工作簿保存

C. 将存放中间数据的工作表隐藏，然后设置保护工作表隐藏

D. 将存放中间数据的工作表隐藏，然后设置保护工作簿结构

二、操作题

1. 打开本任务文件夹中"拓展训练"文件夹下的素材文档"ET.xlsx"（.xlsx 为文件扩展名），后续操作均基于此文件。

2. 人事部小张在年终总结前要收集相关绩效评价并制作相应的统计表和统计图，最后打印存档，请帮其完成相关工作。

(1) 在"员工绩效汇总"工作表中，按要求调整各列宽度：工号 (4)、姓名 (5)、性别 (5)、学历 (4)、部门 (8)、入职日期 (6)、工龄 (4)、绩效 (4)、评价 (16)、状态 (4)。注："姓名 (5)"表示姓名这列要设置成 5 个汉字的宽度，"部门 (8)"表示部门这列要设置成 8 个汉字的宽度。

(2) 在"员工绩效汇总"工作表中，将"入职日期"中的日期 (F2:F201) 统一调整成形如"2020-10-01"的数字格式。需要注意的是，年、月、日之间的分隔符号为短横线"-"，且"月"和"日"都显示为 2 位数字。

(3) 在"员工绩效汇总"工作表中，利用"条件格式"功能，将"姓名"列 (B2:B201) 中包含重复值的单元格突出显示为"浅红填充色深红色文本"。

(4) 在"员工绩效汇总"工作表的"状态"列 (J2:J201) 中插入下拉列表，要求下拉列表中包括"确认"和"待确认"两个选项，并且输入无效数据时显示出错警告，错误信息显示为"输入内容不规范,请通过下拉列表选择"字样。

(5) 在"员工绩效汇总"工作表的 G1 单元格中增加一个批注，内容为"工龄计算，满一年才加 1。例如：2018-11-22 入职，到 2020-10-01，工龄为 1 年。"

(6) 在"员工绩效汇总"工作表的"工龄"列的空白单元格 (G2:G201) 中输入公式，使用函数 DATEDIF 计算截至今日的"工龄"。需要注意的是，每满一年工龄加 1，"今日"指每次打开本工作簿的动态时间。

(7) 打开拓展训练文件夹下的素材文档"绩效后台数据 .txt"(.txt 为文件扩展名)，完成下列任务：

① 将"绩效后台数据 .txt"中的全部内容进行复制，并粘贴到"Sheet 3"工作表中 A1 位置，将"工号""姓名""级别""本期绩效""本期绩效评价"的内容，依次拆分到 A 至 E 列中，效果如图 10-27 所示。需要注意的是，在拆分列的过程中，要求将"级别"(C 列) 的数据类型指定为"文本"。

	A	B	C	D	E
1	工号	姓名	级别	本期绩效	本期绩效评价
2	A0436	胡PX	1-9	S	（评价85）
3	A1004	牛OJ	2-1	C	（评价186）
4	A0908	王JF	3-2	C	（评价174）
5	…	…	…	…	…

▲ 图10-27　拆分效果图

② 使用包含查找引用类函数的公式，在"员工绩效汇总"工作表的"绩效"列 (H2:H201) 和"评价"列 (I2:I201) 中，按"工号"引用"Sheet 3"工作表中对应记录的"本期绩效""本期绩效评价"数据。

(8) 为方便在"员工绩效汇总"工作表中查看数据，请设置在滚动翻页时标题行 (第 1 行) 始终显示。

(9) 为节约打印纸张，请对"员工绩效汇总"工作表进行打印缩放设置，确保纸张打印方向保持为纵向的前提下，实现将所有列打印在一页。

(10) 在"统计"工作表的 B2 中输入公式，统计"员工绩效汇总"工作表中研发中心博士后的人数。然后，将 B2 单元格中的公式进行复制，并粘贴到 B2:G4 单元格区域中 (请注意单元格引用方式)，统计出研发中心、生产部、质量部这三个主要部门中不同学历的人数。

(11) 在"统计"工作表中，根据"部门"的"(合计)"数据，按下列要求制作图表：

① 把三个部门的总人数做成一张对比饼图，并插入在"统计"工作表中。

② 饼图中需要显示 3 个部门的图例。

③ 每个部门对应的扇形需要以百分比的形式显示数据标签。

(12) 将"员工绩效汇总"工作表的数据列表区域设置为"自动筛选"，并把"姓名"中姓"陈"和姓"张"的名字同时筛选出来。最后，保存文档。

项 目 三

WPS演示文稿高级应用

任务11　演示文稿基本操作——古诗欣赏

11.1　任务简介

　　WPS 演示文稿是 WPS Office 里用于制作幻灯片的软件。本任务要求利用 WPS 演示文稿的相关技术制作"古诗欣赏"演示文稿。完成后的"古诗欣赏"演示文稿效果图如图 11-1 所示。

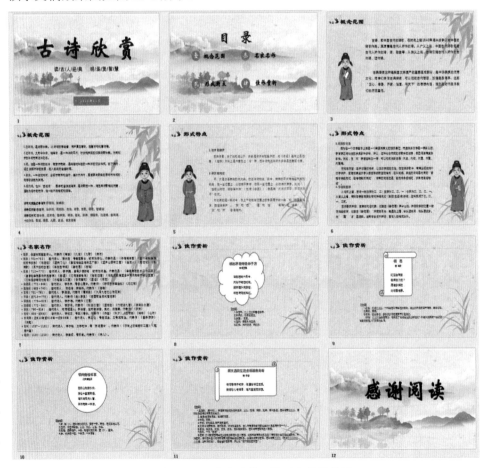

▲ 图11-1　"古诗欣赏"演示文稿效果图

11.2　任 务 目 标

本任务涉及的知识点主要有：演示文稿的需求分析与策划、页面的布局（比例的选择）、文本的插入、图像的插入、图形的绘制与设置等。

学习目标：

- 熟悉 WPS 演示文稿的工作界面。
- 理解 WPS 演示文稿默认的视图模式。
- 掌握 WPS 演示文稿的启动、退出以及新建、保存、打开、关闭演示文稿的方法。
- 掌握幻灯片的添加、选择、复制、删除以及顺序调整的方法。
- 掌握幻灯片中文本编辑与设置的方法。
- 掌握插入图片及绘制图形的方法。
- 掌握版式设计的方法。

思政目标：

- 增强学生的文化自信和民族自豪感。
- 培养学生正确的世界观、人生观和价值观。
- 培养学生的审美意识和审美能力。
- 培养学生的语言表达能力。
- 培养学生诚实守信的道德品质。
- 培养学生精益求精的工匠精神。

11.3　任 务 实 现

本任务中的文稿属于教学课件类演示文稿，其主要目的是，运用 WPS 演示文稿将抽象的概念具象化，运用多媒体技术将枯燥的讲授内容形象化。

教学课件类演示文稿的受众对象为学生，其具有年龄跨度小、个性强等特点。因此，在制作此类演示文稿时，设计风格要遵照学生的个性及心理特点。依照这个设计主线，设计的演示文稿应色彩清淡，文字精练，教学框架严谨，内容生动。

本任务的教学过程以问题导入、知识讲授、案例分析为主线，逐步展开教学内容。因此，罗列式框架结构比较适合本任务的文稿。

11.3.1 制作封面

制作封面

"古诗欣赏"演示文稿的封面制作方法如下。

(1) 执行"开始"→"所有程序"→"WPS Office"→"WPS Office 教育考试专用版"命令，启动该软件。

(2) 在界面左侧选择"新建"按钮，进入"新建"窗口，如图 11-2 所示。选择上方的"演示"选项，并在"推荐模板"中单击"新建空白文档"按钮，即可创建一个空白的演示文稿文件，如图 11-3 所示。

可以看到，系统会将创建的临时文件自动命名为"演示文稿 1"，并且在 WPS 演示文稿中已经建立了一张空白演示幻灯片。可将其另存为"古诗欣赏 .pptx"。

▲ 图11-2 "新建"窗口

▲ 图11-3 空白演示幻灯片

(3) 单击工作区中的标题占位符,输入"古诗欣赏"字样。单击副标题占位符,输入文字"读 / 古 / 人 / 经 / 典　明 / 圣 / 贤 / 智 / 慧",效果图如图 11-4 所示。

(4) 单击"设计"选项卡中的"背景"按钮,在弹出的列表中选择"背景 (K)",在屏幕的右侧会打开"对象属性"对话框。在对话框中将"填充"选项设定为"图片或纹理填充 (P)",并在"图片填充"中选择下拉列表中的"本地文件",如图 11-5 所示。

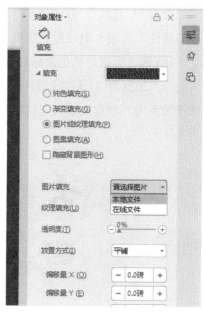

▲ 图11-4　修改标题、副标题占位符效果　　▲ 图11-5　"对象属性"对话框

(5) 在打开的对话框中找到"背景图片 1.png"文件,单击"打开"按钮,将背景图片应用到幻灯片中,效果如图 11-6 所示。

▲ 图11-6　应用背景效果图

(6) 设置标题占位符中的文字格式,设置字体为"华文新魏",字号为"138",并分别在每个文字之间增加一个空格;设置副标题占位符中的文字格式,字体为"方正行楷简体",字号为"28",字体颜色为"黑色,文本1"。

(7) 单击"插入"选项卡中的"形状"按钮,在打开的对话框中单击"矩形"按钮,在幻灯片中绘制出一个矩形。在屏幕的右侧打开"对象属性"对话框。在"填充与线条"选项卡中设置"填充"为"RGB(206 52 52)","线条"为"系统短划线 2.25 磅 双线"。在"效果"选项卡中设置"柔化边缘"为"5 磅"。在"大小与属性"选项卡中设置"高度"为"1.8 厘米","宽度"为"8.3 厘米"。

(8) 选定形状后单击鼠标右键,在弹出的列表中选择"编辑文字"选项,输入文字"2021 年 11 月",设置字体为"字魂 4 号 - 苍劲行楷体",字号为"18 磅",字符间距为"加宽 6 磅"。封面效果图如图 11-7 所示。

▲ 图11-7　封面效果图

11.3.2　制作目录页

制作目录页

演示文稿目录页的制作方法如下。

(1) 新建幻灯片:选择第一张封面幻灯片的缩略图,按 <Enter> 键,即可插入第二张幻灯片。

(2) 设置背景:用与制作封面相同的方法设置背景。

(3) 设置版式:单击"开始"选项卡中的"版式"按钮,或者用鼠标右键单击第二张幻灯片,在弹出的下拉菜单中选择"幻灯片版式"命令,打开版式设置对话框。选择"仅标题"版式,如图 11-8 所示。

(4) 单击标题占位符,输入文字"目录",设置标题占位符中的文字格式,字体为"华文新魏",字号为"88"。

▲ 图11-8　幻灯片版式设置

（5）插入形状：单击"插入"选项卡中的"形状"按钮，在打开的"预设"对话框中单击"椭圆"按钮，按住 <Shift> 键，在幻灯片中绘制出一个圆。在屏幕的右侧打开"对象属性"对话框，在"填充与线条"选项卡中设置"填充"为"RGB(206 52 52)"，"线条"为"系统短划线 2.25 磅 双线"。在"效果"选项卡中设置"柔化边缘"为"5 磅"。在"大小与属性"选项卡中设置"高度"为"2.0 厘米"，"宽度"为"2.0 厘米"。

（6）采用与第一张幻灯片相同的方法，在形状中添加文字"壹"，字体设置为"华文新魏"，字号为"36 磅"，颜色为"白色 背景 1"。

（7）将绘制好的形状复制 3 个，并分别修改文字为"贰""叁""肆"，效果图如图 11-9 所示。

▲ 图11-9　形状效果图

（8）使用"文本框"添加文本：使用"文本框"工具可以灵活地在幻灯片的

任何位置输入文本。在"开始"选项卡和"插入"选项卡中都有"文本框"工具按钮。使用"文本框"添加文本的具体操作方法为：选定第二张幻灯片，单击"开始"选项卡中的"文本框"按钮，在弹出的选项中单击"横向文本框 (H)"选项，然后在要插入文本框的位置按住鼠标左键并拖动鼠标，即可绘制一个文本框。在文本框中输入文字"概念范围"，并将字体设置为"华文新魏"，字号为"36 磅"，颜色为"黑色 文本 1"，加粗。

(9) 将绘制好的文本框复制 3 个，将这 3 个文本框移动到相应位置，并修改文本框中的文字，效果如图 11-10 所示。至此，目录页制作完成。

▲ 图11-10　目录页效果图

11.3.3　制作内容页

制作内容页

虽然各内容页中的内容有所不同，但内容页界面的风格应尽量做到统一。

(1) 第 3 张幻灯片的效果图如图 11-11 所示。操作步骤如下。

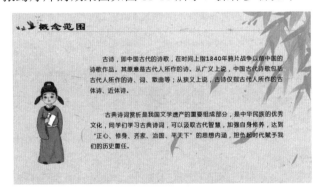

▲ 图11-11　第3张幻灯片效果图

① 设置背景：用与制作第 2 张目录页幻灯片相同的方法设置背景，选择背景图片"背景图片 2.png"。

② 设置版式：设置第 3 张幻灯片版式为 "图片与标题"。

③ 插入图片：点击图片占位符中 "插入图片" 图标，插入图片 "人物 3.png"，并调整图片的大小与位置。

④ 创建文字：标题占位符中输入文字 "概念范围"，并设置字体为 "隶书"，字号为 "36"，字体颜色为 "黑色 文本 1"，加粗。在副标题占位符中输入相应的文字，设置字体为 "微软雅黑"，字号为 "18"，字体颜色为 "黑色 文本 1"。设置段后间距为 "6 磅"，行距为 "1.5 倍行距"。

(2) 制作第 4、第 5、第 6 张幻灯片，效果图如图 11-12 所示。

▲ 图11-12　第4、第5、第6张幻灯片效果图

① 设置背景：用与制作第 2 张幻灯片相同的方法设置背景。

② 设置版式：设置幻灯片的版式为"图片与标题"。

③ 插入图片：点击图片占位符中"插入图片"图标，插入相应的图片，并调整图片的大小与位置。

④ 创建文字：在标题占位符处输入标题文字，并设置字体为"隶书"，字号为"36"，字体颜色为"黑色 文本 1"，加粗。在副标题占位符中输入相应的文字，设置字体为"微软雅黑"，字号为"18"，字体颜色分别为"深红"及"黑色 文本 1"，加粗。

(3) 制作第 7 张幻灯片，效果图如图 11-13 所示。制作方法是将版式设置为"标题与内容"，其余操作方法与之前相同。

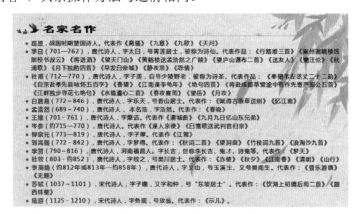

▲ 图11-13　第7张幻灯片效果图

(4) 制作第 8、第 9、第 10、第 11 张幻灯片，效果图如图 11-14 所示。

▲ 图11-14　第8、第9、第10、第11张幻灯片效果图

① 设置版式：设置版式为"仅标题"。

② 创建文字：在标题占位符中输入相应文字，设置字体为"隶书"，字号为"36"，字体颜色为"黑色 文本1"，加粗。

③ 插入形状：使用"插入"选项卡中的"形状"，插入相应的形状，设置形状的填充颜色为"白色 背景1"，线条颜色为"深红"。

④ 插入文本框：分别插入 2 个横向文本框，一个放置于形状内，一个放置于形状外，并设置文本框中的文字格式。

11.3.4　制作结尾页

制作结尾页

WPS 演示文稿的结尾页内容一般只有两部分，一是表示"感谢和请求指正"字样，二是主讲人信息，这与封面内容基本一致。

制作结尾页幻灯片，效果图如图 11-15 所示。

① 设置版式：设置版式为"末尾幻灯片"。

② 创建文字：在标题占位符中输入相应文字，设置字体为"汉仪尚巍流云体 W"，字号为"138"，字体颜色为"黑色 文本1"，并调整文本的位置。

③ 选定副标题占位符，按"Delete"删除占位符。

▲ 图11-15　结尾页幻灯片效果图

11.3.5　任务小结

本任务主要制作了一个培训类演示文稿。在操作中需要注意以下几点。

1. 文字的排版要有层次感

在演示文稿中，文字的应用要主次分明。在内容方面，呈现主要的关键词、观点即可。在文字的排版方面，文字之间的行距最好控制在 140% 以上，可根据需要适当调整。文字整体的字号不小于 20，重点要突出。

2. 字体的巧妙使用

西文的字体分类方法将字体分为了两类：衬线字体和无衬线字体。实际上，这种分类方法对于汉字的字体分类也适用。

1) 衬线字体

衬线字体在笔画开始和结束的地方有额外的装饰，而且笔画的粗细也有所不同。其文字的细节较复杂，较注重文字与文字的搭配和区分，在纯文字的 PPT 中使用较好。

常用的衬线字体有宋体、楷体、隶书、舒体、方正粗倩体等。使用衬线字体作为页面标题时，有优雅、精致的感觉。

2) 无衬线字体

无衬线字体笔画没有装饰，笔画粗细接近，文字细节简洁，字与字的区分不是很明显。相对衬线字体的手写感，无衬线字体的设计感比较强，时尚又有力量，稳重又不失现代感。无衬线字体注重段落与段落、文字与图片的配合区分，在图标类型 PPT 中表现较好。

常用的无衬线字体有黑体、幼圆、微软雅黑和方正准圆体等。使用无衬线字体作为页面标题时，有简练、明快、爽朗的感觉。

3) 字体的经典搭配

经典搭配 1："方正综艺体 (标题)+ 微软雅黑 (正文)"。此搭配适合课题汇报、咨询报告、学术报告等正式场合。

经典搭配 2："方正粗宋简体 (标题)+ 微软雅黑 (正文)"。此搭配适合使用在会议之类的严肃场合。

经典搭配 3："方正粗倩简体 (标题)+ 微软雅黑 (正文)"。此搭配适合使用在企业宣传、产品展示之类的场合。

经典搭配 4："方正卡通简体 (标题)+ 微软雅黑 (正文)"。此搭配适合于活泼一点的场合。

11.4 相关知识

1. WPS演示文稿

WPS 演示文稿由一系列幻灯片组成，是金山办公套件中的一个重要组件，利用它可以制作出图文并茂、色彩丰富、生动形象且具有表现力和感染力的演示文稿，帮助用户以可视化、动态化的方式呈现工作成果，被广泛用于演讲、汇报、会议、培训、产品演示、课件制作等场合。

在 WPS 演示文稿中，演示文稿和幻灯片这两个概念有一定的区别。利用 WPS 演示文稿做出来的作品称为演示文稿，它是一个文件。而演示文稿中的每一页叫作幻灯片，每张幻灯片都是演示文稿中既相互独立又相互联系的内容。

2. 幻灯片版式

幻灯片版式是 WPS 演示文稿中排版的格式，是指包含幻灯片上显示的所有内容的格式、位置和文本框，用以确定幻灯片的排版和布局。占位符是版式中的容器，可容纳如文本 (包括正文文本、项目符号列表和标题)、表格、图表、智能图形、影片、声音、图片及剪贴画等内容。版式还包含幻灯片的主题 (如颜色、字体、效果和背景)。

3. 演示文稿视图

WPS 演示文稿为用户提供了"普通""幻灯片浏览""备注页""阅读视图""幻灯片母版"等多种视图模式。深入了解不同视图在日常学习、工作中的应用，对于用户进行幻灯片的编辑、浏览、设计等非常有帮助。

1) 普通视图

普通视图属于 WPS 演示文稿的默认视图，大部分操作都是在普通视图模式下进行的，是用户使用最多的编辑视图，可用于演示文稿的内容设计、版面排版以及动画编排等。

2) 幻灯片浏览视图

幻灯片浏览视图主要以缩略图的形式展示幻灯片，以便用户能够以全局的方式浏览演示文稿中的幻灯片，快速地对幻灯片的顺序进行排列和重新组织，快捷地进行幻灯片的新建、复制、移动、插入和删除等操作以及为演示文稿添加节。幻灯片在该视图中的结构展现更易于浏览。

3) 备注页视图

在普通视图的"备注"窗格中可以输入或编辑备注页的内容。而独立的"备注页"视图在显示幻灯片的同时，还会在其下方显示备注页的内容，用户可以直接在备注区输入或编辑内容。在备注页视图模式下，备注页上方显示的是当前页幻灯片的缩略图，这时用户无法对幻灯片内容进行编辑，只能在下方备注页占位符中输入说明内容，为该幻灯片添加说明信息。

4）阅读视图

当演示文稿切换到"阅读视图"后，幻灯片在放映时会自动适应窗口的大小，视图只保留"幻灯片"窗格和下方的状态栏，其他编辑功能会被屏蔽。此视图可用于幻灯片制作完成后的简单放映浏览，在阅读过程中呈现该幻灯片的动画效果和切换效果。

5）幻灯片母版视图

幻灯片母版视图是最为特殊的视图模式，其中包含幻灯片母版、讲义母版、备注母版 3 种类型。在幻灯片母版视图中，可以针对每页幻灯片或备注页、讲义的背景、颜色、字体、效果、大小等幻灯片元素进行全局操作与统一，且可进行批量化处理。

6）幻灯片放映视图

幻灯片放映视图主要用于播放制作完成后的演示文稿。进入到放映视图后，幻灯片将占据整个屏幕，与观众在投影仪、显示屏上看演示文稿的效果完全一致。幻灯片播放时可以看到制作后的动画、视频嵌入、切换方式等动态效果。

11.5 操作技巧

1. "复活药" —— 设置自动保存时间

设置自动保存时间的具体操作方法如下：单击"文件"选项卡，在弹出的选项卡中单击"选项"命令；在弹出的"选项"对话框中单击"备份中心"按钮；在弹出的"备份中心"对话框中单击"设置"按钮，在窗口右侧中将"备份切换"设置为"定时备份"，修改定时时间间隔即可。

2. 移动对象精准定位

在移动图片、表格或其他对象时，有时候很难移动到理想的位置，这时可以在按住 <Ctrl> 键的同时通过控制上、下、左、右方向键对对象进行精准微移。

3. 快速定位幻灯片

在播放 WPS 演示文稿时，如果想要快进到或退回到第 5 张幻灯片，可以按下数字 <5> 键，再按下 <Enter> 键。

11.6　拓展训练

选择题

1. 在 WPS 演示文稿中可以通过多种方法创建一张新幻灯片，下列操作方法错误的是（　　）。

　A. 在普通视图的幻灯片缩略图窗格中，定位光标后按 <Enter> 键

　B. 在普通视图的幻灯片缩略图窗格中单击右键，从快捷菜单中选择"新建幻灯片"命令

　C. 在普通视图的幻灯片缩略图窗格中定位光标，从"开始"选项卡上单击"新建幻灯片"按钮

　D. 在普通视图的幻灯片缩略图窗格中定位光标，从"插入"选项卡上单击"幻灯片"按钮

2. 在 WPS 演示文稿中可以通过分节来组织演示文稿中的幻灯片，在幻灯片浏览视图中选中一节中所有幻灯片的最优方法是（　　）。

　A. 单击节名称即可

　B. 按下 <Ctrl> 键不放，依次单击节中的幻灯片

　C. 选择节中的第 1 张幻灯片，按下 <Shift> 键不放，再单击节中的末张幻灯片

　D. 直接拖动鼠标选择节中的所有幻灯片

3. 在 WPS 演示文稿中利用"大纲"窗格组织、排列幻灯片中的文字时，输入幻灯片标题后进入下一级文本输入状态的最快捷的方法是（　　）。

　A. 按 <Ctrl+Enter> 组合键

　B. 按 <Shift+Enter> 组合键

　C. 按回车键 <Enter> 后，从右键菜单中选择"降级"

　D. 按回车键 <Enter> 后，再按 <Tab> 键

4. 小周正在为 WPS 演示文稿增加幻灯片编号，他希望调整该编号位于所有幻灯片右上角的同一位置且格式一致，最优的操作方法是（　　）。

　A. 在幻灯片浏览视图中，选中所有幻灯片后通过"插入"→"页眉和页脚"功能插入幻灯片编号并统一选中后调整其位置与格式

　B. 在普通视图中，选中所有幻灯片后通过"插入"→"幻灯片编号"功能插入编号并统一选中后调整其位置与格式

C. 在普通视图中，先在一张幻灯片中通过"插入"→"幻灯片编号"功能插入编号并调整其位置与格式后，再将该编号占位符复制到其他幻灯片中

D. 在幻灯片母版视图中，通过"插入"→"幻灯片编号"功能插入编号并调整其占位符的位置与格式

5. 可以在 WPS 演示文稿的同一窗口中显示多张幻灯片，并在幻灯片下方显示编号的视图是 (   )。

　　A. 普通视图　　　　　　　　　　B. 幻灯片浏览视图

　　C. 备注页视图　　　　　　　　　　D. 阅读视图

6. WPS 演示文稿的首张幻灯片为标题版式幻灯片，要从第二张幻灯片开始插入编号，并使编号值从 1 开始，正确的方法是 (   )。

　　A. 直接插入幻灯片编号，并勾选"标题幻灯片中不显示"复选框

　　B. 从第二张幻灯片开始，依次插入文本框，并在其中输入正确的幻灯片编号值

　　C. 首先在"页面设置"对话框中将幻灯片编号的起始值设置为 0，然后插入幻灯片编号，并勾选"标题幻灯片中不显示"复选框

　　D. 首先在"页面设置"对话框中将幻灯片编号的起始值设置为 0，然后插入幻灯片编号

7. 在 WPS 演示文稿中，需要将所有幻灯片中设置为"宋体"的文字全部修改为"微软雅黑"，最优的操作方式是 (   )。

　　A. 通过"替换字体"功能，将"宋体"批量替换为"微软雅黑"

　　B. 在幻灯片中逐个找到设置为"宋体"的文本，并通过"字体"对话框将字体修改为"微软雅黑"

　　C. 将"主题字体"设置为"微软雅黑"

　　D. 在幻灯片母版中通过"字体"对话框，将标题和正文占位符中的字体修改为"微软雅黑"

8. 在 WPS 演示文稿中，关于幻灯片浏览视图的用途，描述正确的是 (   )。

　　A. 对幻灯片的内容进行编辑修改及格式调整

　　B. 对所有幻灯片进行整理编排或顺序调整

　　C. 对幻灯片的内容进行动画设计

　　D. 观看幻灯片的播放效果

任务12　演示文稿中插入图片和视频
——中国阳明文化园

■■ 12.1　任务简介

　　本任务要求采用插入艺术字、图片、视频、修改幻灯片背景颜色等操作方法创建图文并茂的演示文稿，完成"中国阳明文化园"演示文稿的制作，效果图如图 12-1 所示。

▲ 图12-1　"中国阳明文化园"演示文稿效果图

12.2 任务目标

本任务涉及的知识点主要有：文本的编辑与设置，艺术字、图片及绘制图形的插入，版式的设计，视频的插入等。

学习目标：

- 掌握幻灯片中文本编辑与设置的方法。
- 掌握在幻灯片中插入艺术字、图片及绘制图形的方法。
- 掌握版式的设计方法。
- 掌握在幻灯片中插入视频等多媒体文件的方法。

思政目标：

- 增强学生的文化自信和民族自豪感。
- 培养学生正确的世界观、人生观和价值观。
- 培养学生的审美意识和审美能力。
- 培养学生的合作意识和沟通能力。
- 培养学生诚实守信、知行合一的道德品质。
- 培养学生吃苦耐劳、乐于奉献的精神。

12.3 任务实现

启动 WPS 演示文稿，系统会自动新建一个临时文件名为"演示文稿 1"的空白演示文稿，将其保存为"中国阳明文化园 .pptx"。

制作封面

12.3.1 封面制作

封面的制作过程如下。

(1) 设置背景。选择"设计"选项卡中的"背景"按钮,在弹出的"对象属性"对话框中设置背景颜色为"纯色填充"，颜色为"RGB(189 215 238)"，效果图如图 12-2 所示。

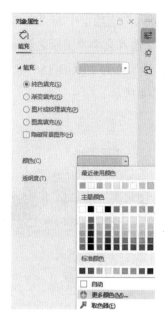

▲ 图12-2　封面背景设置

(2) 设置版式：设置版式为"空白"，改变当前幻灯片的版式。

(3) 插入图片并设置图片格式。

① 插入图片：选择"插入"选项卡中的"图片"命令，弹出"插入图片"对话框，选择"图片 –1.jpg"。

② 设置图片格式：用鼠标拖拽图片的 4 个顶点可以等比例地调整图片的大小。将图片的宽度调整为与幻灯片的宽度一致的操作方法为：选定图片，选择"图片工具"选项卡中的"裁剪"命令，在下拉菜单中选择"矩形"，此时图片会出现 6 个控制点，分别选择上方和下方中间的控制点，按住鼠标左键拖动光标，将高度调整至 10 厘米左右。将图片移至幻灯片顶端，效果图如图 12-3 所示。

▲ 图12-3　封面插入图片效果图

(4) 创建文字：选择"插入"选项卡中的"文本框"按钮，插入一个"横向文本框"，设置线条为"无"；输入文字"王学之源 心学圣地"，设置字体为"微软雅黑"，字号为"28"，字体颜色为"RGB(155 48 46)"。将该文本框放置于幻灯片右上角，效果图如图 12-4 所示。

▲ 图12-4　封面文本框效果图

(5) 插入艺术字：选择"插入"选项卡中的"艺术字"按钮，在下拉菜单"预设样式"中选择"填充 – 白色，轮廓 – 着色2，清晰阴影 – 着色 2"艺术字样式，如图 12-5 所示。输入文字"中国阳明文化园"，设置字体为"华文新魏"，字号为"72"。封面制作完成，最终效果图如图 12-6 所示。

▲ 图12-5　封面插入艺术字样式

▲ 图12-6　封面效果图

12.3.2　制作内容页1

内容页 1 的制作过程如下。

(1) 新建幻灯片：选定第一张幻灯片缩略图，按 <Enter> 键。

(2) 插入图片及设置图片格式。

① 选择"插入"选项卡中的"图片"命令，弹出"插入图片"对话框，选择"图片 -2.jpg"。

② 用鼠标拖拽图片的 4 个顶点可以等比例地调整图片大小，效果如图 12-7 所示。

(3) 创建文字：选择"插入"选项卡中的"文本框"按钮，插入一个"横向文本框"，设置线条为"无"；输入相关文字，设置字体为"微软雅黑"，字号为"24"，字体颜色为"黑体文本 1"，最终效果图如图 12-8 所示。

制作内容页1

▲ 图12-7　内容页1图片效果图

中国阳明文化园是以全国重点文物保护单位、贵州省重点名胜古迹"阳明洞"为核心景区的文化旅游园区，阳明文化园集旅游、文化、休闲养心、度假及商业开发为一体，以五个高端定位为核心，即"国家形象创新传播共建基地，中华国学文化名片，中国阳明心学文化地标，全国低碳国土实验区，世界心灵旅游目的地"。

▲ 图12-8　内容页1文本框效果图

(4) 插入艺术字:选择"插入"选项卡中的"艺术字"按钮,在下拉菜单"预设样式"中选择如图 12-9 所示的艺术字样式。输入文字"园区介绍",设置字体为"华文新魏",字号为"44"。效果如图 12-10 所示。

▲ 图12-9　内容1插入艺术字样式

▲ 图12-10　内容页1效果图

制作内容页2

12.3.3　制作内容页2

内容页 2 的制作过程:

(1) 新建幻灯片:选定内容页 1 幻灯片缩略图,按 <Enter> 键。

(2) 插入图片及设置图片格式:插入图片"图片 –3.jpg",调整图片的大小及位置。

(3) 插入艺术字:设置艺术字样式为"填充 – 中宝石碧绿,着色 3,粗糙",字体颜色为"RGB(81,112,105)",字体为"华文新魏",字号为"28"。

(4) 插入文本:插入文本框并输入相关文字,设置字体为"华文新魏",字号为"20",字体颜色为"黑色 文本 1"。内容页 2 最终效果图如图 12-11 所示。

王阳明（1472—1529），初名"云"，名"守仁"，字"伯安"，自号"阳明先生"，浙江余姚人，弘治十二年（1499年）进士，历官刑部、兵部主事，庐陵知县，吏部主事升员外郎，南京太仆寺少卿，升都察院左迁都御史，巡抚南赣汀漳，又升都察院右副都御史，左都御史。官至南京兵部尚书，正德三年（1508年），因忤逆宦贬贵州龙场驿丞，始悟道而创心学体系，即体心即是理，论知行合一，揭致良知教，倡万物一体之仁，证【四句教法】，遂立为其体系之核心，王阳明为世所罕见之立德、立言、立功【三不朽】人物，后人将其思想辑入《王文成公全书》，其中《传习录》《大学问》是其代表之作。

▲ 图12-11　内容页2效果图

12.3.4　制作内容页3

内容页 3 的制作过程如下。

(1) 新建幻灯片：选定内容页 2 幻灯片缩略图，按 <Enter> 键。

(2) 插入图片"图片 -4.jpg"和"图片 -5.jpg"，调整图片的大小及位置。按照与第 1 张幻灯片同样的方法裁剪"图片 -5.jpg"，插入形状"矩形"，填充颜色为"矢车菊蓝，着色 1，浅色 80%"并调整形状的大小和位置。

(3) 插入艺术字并设置艺术字样式为"填充 – 矢车菊蓝，着色 1，阴影"，设置字体颜色为"矢车菊蓝，着色 1，深色 25%"，设置字体为"华文新魏"，字号为"40"。

(4) 插入文本：插入文本框并输入相关文字，设置字体为"华文新魏"，字号为"18"，字体颜色为"黑色 文本 1"，内容页 3 最终效果如图 12-12 所示。

制作内容页3

▲ 图12-12　内容页3效果图

12.3.5 制作内容页4

制作内容页4

内容页 4 的制作过程如下。

(1) 新建幻灯片：选定内容页 3 幻灯片缩略图，按 <Enter> 键。

(2) 插入形状并设置形状格式。

① 插入形状：选择"插入"选项卡中的"形状"按钮，在下拉菜单中选择"基本形状"组中的"菱形"。选定菱形，同时按下鼠标左键和 <Ctrl> 键，复制出 3 个菱形，并调整位置，如图 12-13 所示。

② 设置形状格式：选定其中一个形状，在"对象属性"对话框"填充"选项中选择"图片或纹理填充"，在"图片填充"选项中选择"本地文件"，在打开的"选择纹理"对话框中选择相应的图片，其余 3 个形状使用相同的方法完成操作。效果图如图 12-14 的所示。

(3) 在幻灯片的右侧插入形状"矩形"，填充颜色为"亮天蓝色，着色 1，浅色 80%"。

▲ 图12-13　形状效果图　　▲ 图12-14　形状中填充图片效果图

(4) 插入文本框：插入"横向文本框"，输入相关文字，设置字体为"微软雅黑"，字号为"24"，图 12-15 为文字应用样式。

▲ 图12-15　内容页4应用文字样式

(5) 插入视频：选择"插入"选项卡中的"视频"按钮，在下拉菜单中选择"嵌入本地文件"选项，在弹出的"插入视频"对话框中选择影片文件，单击"打开"按钮，即可插入影片。拖动视频窗口的控制点，可调整视频窗口的大小。

① 设置影片播放：选中视频，在"视频工具"选项卡中可以设置影片的插

入属性。

② 设置影片样式：选中视频，在"图片工具"选项卡中可以设置视频的外观样式。

③ 添加影片后的效果预览：在放映演示文稿时单击影片即可播放。

内容页 4 的最终效果图如图 12-16 所示。

文化园图片集

阳明文化园介绍视频

▲ 图12-16　内容页4效果图

12.3.6　制作内容页5

制作内容页5

内容页 5 的制作过程如下。

(1) 新建幻灯片：选定内容页 4 幻灯片缩略图，按 <Enter> 键。

(2) 插入图片"全景图 .jpg"，调整图片的大小及位置。

(3) 插入"竖向文本框"并输入相关文字，设置字体为"华文新魏"，字号为"44"。在"文本工具"中设置字体样式为"填充 - 中宝石碧绿,着色 3,粗糙"，颜色为"黑色 文本 1"，字体颜色为"中海洋绿，着色 3，深色 25%"。

内容页 5 最终效果图如图 12-17 所示。

▲ 图12-17　内容页5效果图

12.3.7 任务小结

本任务主要讲解了产品介绍类演示文稿的制作方法。在操作中需要注意以下几点：

1. 模板的设计要与主题相符合

大家在制作演示文稿时通常都会订制或者下载一些演示文稿模板，需要注意的是，我们在选择演示文稿模板时，应注重模板不仅要与演讲内容相适应，还要与企业文化形象相适应。选择"无个性"的模板不仅无法突出行业的特点和演讲的主题，还会让观众在看完演示文稿后摸不着头脑，致使演讲不出彩；选择花里胡哨的模板会弄巧成拙，使演示文稿与演讲主题背道而驰。这些都是模板选择的误区。

因此，选择模板有以下三个标准：

1) 与演示内容相呼应

模板的色彩要搭配合理，选用的图片需要符合内容。

2) 视觉效果更加醒目

模板的色彩搭配、版式设计和选用的图片要有特色，这样才能吸引观众的注意力。

3) 符合企业形象

企业形象是企业希望留给观众的印象，模板的风格要符合企业形象。如果公司希望建立严肃、专业的形象，就不适合选择活泼可爱的模板；如果公司希望展示出有活力、有创意的形象，演示文稿也应让人感受到无限的活力与不凡的创意。

通常情况下，纯净的颜色和清晰的图片会让模板看起来更可靠、开放、友好。

2. 多媒体音视频的使用

在演示文稿中，除了运用视频外，背景音乐也能渲染演示文稿的气氛。

常用的音视频操作包括以下几种。

1) 音频的插入与自动播放

① 插入音频：单击"插入"选项卡，在选项卡中选择"音频"按钮，单击"文件中的音频"选项，在弹出的"插入音频"对话框中择所需要的音频(可选择 WAV 或者 MP3 等格式)，即可完成音频的插入。

② 自动播放：单击隐藏图标后，再单击菜单栏中的音频工具"播放"；单击选项卡音频选项区的"开始"，设置为"自动"，将"循环播放,直到停止"选项打钩。

跨幻灯片播放是指切换幻灯片时，音乐不停止，一直播放到幻灯片结束。

2) 设置音频作为背景音乐

设置音频作为背景音乐的方式有两种。

方式一：将隐藏图标移至幻灯片演示范围外，将音频设置为自动播放。

方式二：将图标放在幻灯片演示范围内，并单击幻灯片内的图标，单击菜单栏中音频工具"播放"，在选项卡音频选项区中将"放映时隐藏"的复选框打钩即可。

3) 调整视频大小

方式一：单击插入的视频，单击菜单栏视频工具"格式"，在选项卡单击"裁剪"，对插入的视频进行裁剪；

方式二：利用拖动控制点或者输入准确长宽数值对视频大小进行调整。

4) 设置视频全屏播放

设置视频全屏播放：单击插入的视频，单击菜单栏视频工具"播放"，在选项卡视频选项区中将"全屏播放"的复选框打钩即可。全屏播放是指按 PPT 幻灯片大小比例全屏播放，而不是显示器全屏播放。

5) 设置视频的样式

设置视频的样式：选择插入的视频，单击菜单栏视频工具"格式"。"更正"选项可以对视频的亮度和对比度进行调整；"颜色"选项可以将视频进行重新着色；在预设的外框选项中，可以对视频外框样式进行调整。

12.4　相关知识

1. 多媒体

多媒体是指融合两种或两种以上媒体的一种人机交互式信息交流和传播媒体，人们将融合文本、音频、视频、图形、图像、动画等的综合体统称为多媒体。多媒体技术能够利用计算机技术把文字、声音、视频、图形、图像等多种媒体信息进行综合处理，使多种信息之间建立逻辑连接，将其集成为一个完整的系统。

2. 艺术字

WPS 演示文稿具备对文本的效果优化处理的功能，该功能被称为"艺术字"。通过使用艺术字可以使文本具有特殊的艺术效果，例如文本发光、变形、渐变填充等。在幻灯片中既可以直接创建艺术字，也可以将现有文本进行艺术字格式设置。

3. 智能图形

智能图形是 WPS 演示文稿提供的智能化关系图形表达，它是已经组合好的文本框和形状、线条。用户利用智能图形可以快速地在幻灯片中插入各类不同的结构化关系图、流程图。WPS 演示文稿提供的智能图形类型有列表、流程、循环、层次结构、关系、矩阵、棱锥图等。

4. 添加和设置音频

为了突出演示重点，用户可以在幻灯片中添加音频，如音乐、原声摘要等。

在进行演讲时，可以将音频设置为"在显示幻灯片时自动开始播放""在点击鼠标时开始播放"或者是"循环连续播放直至停止放映"。

5. 添加和设置视频

在幻灯片中插入或链接视频文件可以大大丰富 WPS 演示文稿的内容和表现力。添加视频可以选择直接将视频文件嵌入到幻灯片中，也可以选择将视频文件链接至幻灯片。

12.5 操作技巧

1. 输出为放映文件

制作好的演示文件可以通过 WPS Office 软件直接转换成放映文件。与演示文件相比，放映文件的播放比较简单，例如一些大型发布会现场演示文件都是使用放映文件的格式，这样可以避免在放映过程中因为误按键而退出放映模式。

转换为放映文件的方法为：首先制作好需要放映的演示文件，此时文件的格式为".pptx"；然后，在"文件"菜单里选择"另存为"选项，另存为的格式选择".pps"，最后单击"保存"按钮即可。

2. 保存时选择嵌入字体

在制作演示文稿时经常会使用到其他字体，如果演示文稿在其他计算机上使用时没有该字体，那么该字体则会被宋体代替。若在保存时选择嵌入字体，那么即使在没有该字体的其他计算机上使用，演示文稿仍可正确显示该字体。

保存时使用嵌入字体的方法为：单击"文件"选项卡中的"选项"按钮，

在弹出的"选项"对话框中选择"常规与保存"选项，勾选"将字体嵌入文件"。

12.6　拓展训练

选择题

1. 当在 WPS 演示文稿的普通视图中编辑幻灯片时，需将文本框中的文本级别由第二级调整为第三级，最优的操作方法是（　　）。

A. 在文本最右边添加空格形成缩进效果

B. 当光标位于文本最右边时按 <Tab> 键

C. 在段落格式中设置文本之前缩进距离

D. 当光标位于文本中时，单击"开始"选项卡上的"增加缩进量"按钮

2. 在 WPS 演示文稿中制作演示文稿时，希望将所有幻灯片中标题的中文字体和英文字体分别统一为"微软雅黑""Arial"，正文的中文字体和英文字体分别统一为"仿宋""Arial"，最优的操作方法是（　　）。

A. 在幻灯片母版中通过"字体"对话框分别设置占位符中的标题和正文字体

B. 在一张幻灯片中设置标题、正文字体，然后通过格式刷应用到其他幻灯片的相应部分

C. 通过"替换字体"功能快速设置字体

D. 通过批量设置字体进行设置

3. 小李利用 WPS 演示文稿制作一份学校简介演示文稿，他希望将学校的外景图片铺满每张幻灯片，最优的操作方法是（　　）。

A. 通过"插入"选项卡上的"插入水印"功能输入文字并设定版式

B. 在幻灯片母版中插入该图片，并调整大小及排列方式

C. 将该图片文件作为对象插入全部幻灯片中

D. 在幻灯片母版中插入包含"样例"二字的文本框，并调整其格式及排列方式

4. 小明利用 WPS 演示文稿制作一份考试培训演示文稿，他希望在每张幻灯片中添加包含"样例"文字的水印效果，最优的操作方法是（　　）。

A. 通过"插入"选项卡上的"插入水印"功能输入文字并设定版式

B. 在幻灯片母版中插入包含"样例"二字的文本框，并调整其格式及排列方式

C. 将"样例"二字制作成图片，再将该图片作为背景插入并应用到全部
幻灯片中

D. 在一张幻灯片中插入包含"样例"二字的文本框，然后复制到其他幻灯片

5. 小沈已经在 WPS 演示文稿的标题幻灯片中输入了标题文字，他希望将
标题文字转换为艺术字，最快捷的操作方法是 (   )。

A. 定位在该幻灯片的空白处，执行"插入"选项卡中的"艺术字"命令
并选择一个艺术字样式，然后将原标题文字移动到艺术字文本框中

B. 选中标题文本框，在"文本工具"选项卡中选择一个艺术字样式即可

C. 在标题文本框中单击鼠标右键，在右键菜单中执行"转换为艺术字"
命令

D. 选中标题文字，执行"插入"选项卡中的"艺术字"命令并选择一个
艺术字样式，然后删除原标题文本框

6. 在 WPS 演示文稿中，如果需要对某页幻灯片中的文本框进行编辑修改，
则需要进入 (   )。

A. 普通视图   B. 幻灯片浏览视图

C. 阅读视图   D. 放映视图

7. 在 WPS 演示文稿中，如果要为全部幻灯片页批量添加校徽图片，最合
适的操作是 (   )。

A. 编辑母版   B. 粘贴图片

C. 分页插图   D. 插入图片

8. 在 WPS 演示文稿中，不可以使用 (   )。

A. 视频   B. 超链接

C. 书签   D. 图表

任务13 演示文稿中插入图表和动画
——项目汇报(鱼+智慧水族)

13.1 任务简介

本任务中的演示文稿属于企业宣传类演示文稿，主要目的是展示企业形象与推荐产品。此类演示文稿结合了静态宣传画册与动态企业宣传视频的优点，达到动静结合的宣传效果。

针对本任务的特征，企业宣传类演示文稿的框架适用说明式或罗列式，对语言和文字要求准确无误、简短精练。

最终完成的 WPS 演示文稿效果图如图 13-1 所示。

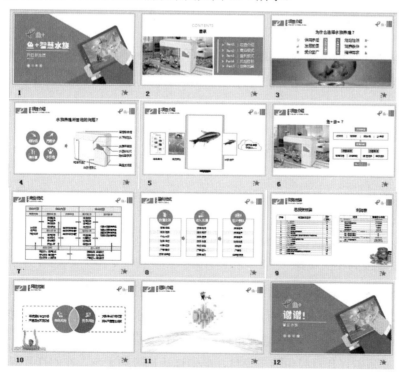

▲ 图13-1 项目汇报演示文稿效果图

13.2　任务目标

　　本任务涉及的知识点主要有：幻灯片色彩的运用技巧，幻灯片母版的使用，幻灯片插入动画以及视频的方法等。

学习目标：

- 正确使用色彩搭配的方法。
- 掌握插入动画的方法。
- 掌握插入视频的方法。
- 掌握创建与编辑母版的方法。
- 掌握幻灯片切换动画的方法。

思政目标：

- 培养学生良好的职业道德与职业素养。
- 培养学生自主探究、团队协作的精神。
- 培养学生的创新思维和实践能力。
- 培养学生的审美意识和审美能力。
- 培养学生追求卓越、精益求精的工匠精神。

13.3　任务实现

制作母版

13.3.1　制作母版

1. 母版的相关概念

　　母版 (Slide Master) 是指演示文稿中最底层的样式，即用于统一所有幻灯片的样式，可供用户插入设定标题文字、公司 Logo、水印背景、页面和动作按钮等。在母版中，只需更改一项内容就可以更改所有幻灯片的设计。

　　版式是幻灯片母版中的子项目，受幻灯片母版的影响。在幻灯片版式设计中，母版版式作为版式的底层，幻灯片受母版版式的直接影响。

幻灯片是直接显示在屏幕上的内容，受母版和版式的双重影响。在母版视图中，可以对母版和版式进行编辑，不能对幻灯片进行编辑，关闭母版视图后才能对幻灯片进行编辑。

2. 母版的编辑

单击"视图"选项卡中的"幻灯片母版"按钮，即可进入幻灯片母版视图。进入幻灯片母版视图后，可在幻灯片左侧窗格中单击选择要设置的母版，然后在右侧窗格中利用"开始""插入"等选项卡设置占位符的文本格式，或者进行插入图片、绘制图形及设置格式等操作，还可利用"幻灯片母版"选项卡设置母版的主题和背景，以及进行插入占位符等操作，所做的设置将应用于对应的幻灯片中。

3. 制作本任务中的母版

1) 制作思路

除封面和目录，其余幻灯片在左上角和右上角都有公司Logo。这需要制作一个左上角和右上角有公司Logo的母版和版式，版式由3至11页使用。

2) 制作步骤

母版的制作步骤如下。

(1) 新建WPS演示文稿。

(2) 单击"视图"选项卡中的"幻灯片母版"按钮,切换到幻灯片母版视图。

(3) 选择"标题和内容"幻灯片，选定并删除幻灯片中的标题占位符和内容占位符。

(4) 在幻灯片的左上角插入"矩形"形状,其大小为"宽度3.3厘米,高度1.6厘米"，填充颜色为"RGB(31，144，208)"，无线条。

(5) 插入文件夹中的"图片8.png"，选定图片，单击鼠标右键，选择"置于顶层"，将其放于矩形上方。

(6) 在幻灯片的右上角分别插入两个"矩形"形状，其大小分别为"宽度1厘米，高度1.6厘米""宽度0.3厘米，高度1.6厘米"，填充颜色为"RGB(31，144，208) "，无线条。

(7) 在形状的左侧插入"图片2.png"，调整图片大小和位置。最终效果如图13-2所示。

(8) 关闭母版视图。单击"关闭"按钮，即转入"普通视图"。

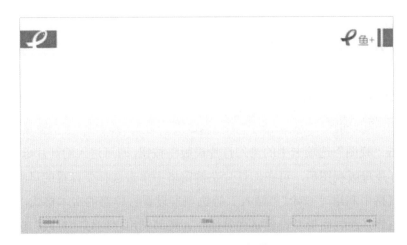

▲ 图13-2　幻灯片母版效果

制作封面

13.3.2　制作封面

封面的制作过程如下。

(1) 设置版式：单击"开始"选项卡或"设计"选项卡中的"版式"按钮，在弹出的对话框中选择"空白"版式。

(2) 设置背景：设置背景颜色为"矢车菊蓝，着色 2，深色 50%"。

(3) 插入形状：分别插入两个"直角三角形"，填充颜色为"白色""矢车菊蓝，着色 1，深色 25%"，并将两个形状旋转，放于幻灯片的右侧，效果图如图 13-3 所示。

▲ 图13-3　形状效果图

(4) 插入图片：分别插入"图片 1.jpg"和"图片 3.png"，调整图片的大小和位置；选定"图片 1.jpg"，单击"图片工具"中的"抠除背景"按钮，在弹出的下拉菜单中选择"设置透明色"选项，用鼠标点击准备去除的颜色，即可去除图片的白色背景。插入图片后的效果图如图 13-4 所示。

▲ 图13-4　插入图片后的效果图

(5) 插入文本框：插入三个"横向文本框"，字体和字号分别为"华文琥珀、60""微软雅黑、28""Arial、14"，字体颜色为"白色 背景1"，效果图如图13-5 所示。

▲ 图13-5　插入文本框后的效果图

(6) 绘制分隔线：插入"直线"形状，填充颜色为"白色"。

(7) 在幻灯片的左下方分别插入"图片 4.png""图片 5.png""图片 6.png""图片 7.png"4 张图片。效果图如图 13-6 所示。

▲ 图13-6　封面静态效果图

(8) 为幻灯片中的各元素添加动画效果，具体操作如下。

① 为幻灯片右下角的"图片 7.jpg"添加动画,选定图片,选择"动画"选项卡,在弹出的"预览效果"窗口中选择"上升"，如图 13-7 所示。

▲ 图13-7 设置"上升"动画效果图

此时，在"自定义动画"窗格的列表中出现了编号为"1"的动画效果，如图 13-8 所示。该编号代表在放映幻灯片时，动画效果出现的先后次序。单击该动画的倒三角或鼠标右键单击该动画，会弹出"动画设置"列表，如图 13-9 的所示。

▲ 图13-8 "自定义动画"列表

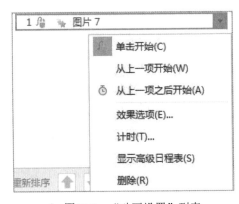

▲ 图13-9 "动画设置"列表

在"动画设置"列表中选择"从上一项之后开始"选项后，当幻灯片播放时，动画对象就会在前一个事件结束后间隔 0 秒钟自动出现。也就是在幻灯片放映后，不需要单击鼠标，文本对象会自动出现在屏幕上。此时，标题前的动画序号变成了"0"。

列表中的三种动画触发方式的说明如下：

•"单击开始"：通过单击鼠标触发动画。

•"从上一项开始"：与上一项目同时启动动画。

•"从上一项之后开始"：当上一项目的动画结束时启动动画。

右键单击动画窗格中的动画，在列表中选择"计时"命令，在弹出的对话框中单击"速度"右侧的倒三角按钮，在展开的列表中选择"非常快 (0.5 秒)"来即完成了对象动画的速度设置，如图 13-10 所示；也可以直接输入动画时间。

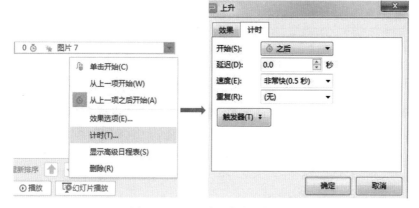

▲ 图13-10　"计时"命令及其对话框

② 按照上述方法，选定右侧对象中第一行图片 ，为其添加"渐变式缩放"进入效果，并将动画触发方式设置为"从上一项之后开始"，速度为"0.4 秒"，如图 13-11 所示。

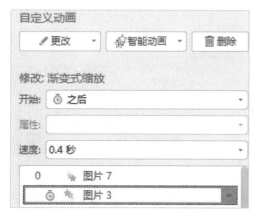

▲ 图13-11　设置图片的"渐变式缩放"动画参数

③ 设置文本"鱼＋智慧水族"为"渐变式缩放"动画效果，在"效果"选

项卡中设置"动画文本"为"按字母",如图 13-12 所示;将动画触发方式设置为"从上一项开始",速度为"0.4 秒",如图 13-13 所示。

▲ 图13-12　设置动画文本为"按字母"　　▲ 图13-13　设置图片的"渐变式缩放"动画参数

④ 设置直线为"渐变"动画效果,将动画触发方式设置为"从上一项开始",速度为"非常快",如图 13-14 所示。

▲ 图13-14　设置直线的"渐变"动画参数

⑤ 设置文本"开启新生活"和"New life"为"擦除"动画效果,设置两个文本的动画触发方式均为"从上一项开始",方向为"自左侧",速度为"非常快",如图 13-15 和图 13-16 所示。

▲ 图13-15　设置文本的"擦除"动画参数1 　▲ 图13-16　设置文本的"擦除"动画参数2

⑥ 设置幻灯片右侧最下方的四张图片为"圆形扩展"动画效果，设置动画触发方式为"从上一项开始"，方向为"外"，速度为"非常快"，分别延迟"0 秒""0.2 秒""0.4 秒""0.6 秒"，如图 13-17 所示。

▲ 图13-17　设置图片的"圆形扩展"动画参数

13.3.3 制作目录页

制作目录页

目录页的制作过程如下。

(1) 新建幻灯片：选择第一张幻灯片缩略图，再单击 <Enter> 键。

(2) 设置版式：单击"开始"选项卡或"设计"选项卡中的"版式"按钮，在弹出的对话框中选择"空白"版式。

(3) 设置背景：设置背景颜色为"白色 背景 1"。

(4) 插入文本框：分别插入 2 个文本框，设置字体为"微软雅黑"，字号为"32"，字体颜色分别为"白色，背景 1，深色 25%""黑色 文本 1"，效果图如图 13-18 所示。

CONTENTS
目录

▲ 图13-18　插入文本框效果图

(5) 插入图片：插入"图片 2.jpg"，调整图片大小并将图片放于幻灯片的左侧。

(6) 插入 2 个矩形，设置填充颜色分别为"RGB(31，144，208)""白色 背景 1"；插入 5 个"燕尾形"形状，填充颜色均为"白色 背景 1"；插入 10 个文本框，字体均为"微软雅黑"，左侧文本框中的文字加粗，字号分别为 24、28。目录页效果图如图 13-19 所示。

▲ 图13-19　目录页效果图

(7) 为幻灯片中的各元素添加动画效果，具体操作步骤如下。

① 设置文本"目录"为"渐变"动画效果，设置动画触发方式为"从上一项开始"，速度为"非常快"，如图 13-20 所示。

② 设置文本 "CONTENTS" 为 "渐变" 动画效果,设置动画触发方式为 "从上一项开始",速度为 "非常快" "延迟 0.1 秒",如图 13-21 所示。

▲ 图13-20　设置文本 "渐变" 动画参数1　　▲ 图13-21　设置文本 "渐变" 动画参数2

③ 设置左侧图片为 "阶梯状" 动画效果,设置动画触发方式为 "从上一项之后开始",速度为 "非常快",方向为 "右下",如图 13-22 所示。

④ 设置右侧矩形背景为 "飞入" 动画效果,设置动画触发方式为 "从上一项之后开始",速度为 "非常快",方向为 "自右侧",如图 13-23 所示。

▲ 图13-22　设置图片 "阶梯状" 动画参数　　▲ 图13-23　设置背景形状 "飞入" 动画参数

⑤ 设置长条形矩形为 "劈裂" 动画效果,设置动画触发方式为 "从上一项之后开始",速度为 "非常快",方向为 "中央向上下展开",如图 13-24 所示。

⑥ 将幻灯片中的第一行 "燕尾形" 与其右侧相邻文本框组合,设置组合为

"渐变"动画效果，设置动画触发方式为"从上一项开始"，速度为"非常快"，如图 13-25 所示。

▲ 图13-24 设置长条形矩形"劈裂"动画参数 ▲ 图13-25 设置组合"渐变"动画参数

　⑦ 设置文本框"项目介绍"为"飞入"动画效果，设置动画触发方式为"从上一项开始"，速度为"非常快""延迟 0.3 秒"，动画文本为"按字母"，如图 13-26 所示。

　⑧ 按照上述方法，依次对之后的对象设置动画参数，如图 13-27 所示。

▲ 图13-26 设置文本"飞入"动画参数 ▲ 图13-27 设置图片及文本的动画参数

13.3.4　制作内容页1

内容页 1 的制作过程如下。

(1) 设置版式：应用版式"标题和内容"。

(2) 插入文本框：分别插入横向文本框和竖向文本框，输入相关文字，按照上述方法设置文字的字体、字号、颜色。

(3) 插入形状：插入"矩形"，将其摆放到相应的位置，设置矩形的大小及填充颜色。

(4) 插入图片：分别插入相关图片，将其摆放到相应的位置。内容页 1 的效果图如图 13-28 所示。

▲　图13-28　内容页1效果图

(5) 动画制作：

① 单击选择文本框"为什么选择水族养殖？"，将该文本框设置为"渐变式缩放"动画效果，设置动画触发方式为"从上一项开始"，速度为"非常快"。

② 单击选择图片上方的矩形条，将其设置为"劈裂"动画效果，设置动画触发方式为"从上一项开始"，速度为"非常快"，方向为"从中央向左右展开"。

③ 单击选择图片，将其设置为"擦除"动画效果，设置动画触发方式为"从上一项开始"，速度为"非常快"。

④ 单击选择文本"供需矛盾"左侧的图片，将其设置为"渐变式缩放"动画效果，设置动画触发方式为"从上一项开始"，速度为"非常快"。

⑤ 单击选择文本框"供需矛盾"，将其设置为"升起"动画效果，设置动画触发方式为"从上一项开始"，速度为"非常快"。

⑥ 单击选择文本框"作为开发团队"，将其设置为"升起"动画效果，设

制作内容页1

置动画触发方式为"从上一项开始",速度为"非常快"。

⑦ 按照同样的方法,设计"发展前景""受众面广"文本框的动画效果。

⑧ 按照第⑥步的方法,设置"作为消费群体"的动画效果。

⑨ 按照同样的方法,设置文本"危险性低""饲养条件""精神需求"及文本右侧图片的动画效果。

13.3.5 制作内容页2

制作内容页2

内容页 2 的制作过程如下。

(1) 设置版式:应用版式"标题和内容"。

(2) 插入文本框:分别插入横向文本框和竖向文本框,输入相关文字,按照上述方法设置文字的字体、字号、颜色。

(3) 插入形状:插入"矩形""椭圆""直线",将各形状摆放到相应的位置,设置各形状的大小及填充颜色。

(4) 插入图片:分别插入相关图片,将图片摆放到相应的位置。内容页 2 的效果图如图 13-29 所示。

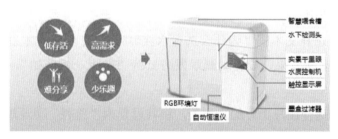

▲ 图13-29 内容页2效果图

(5) 动画制作:

① 单击选择文本框"水族养殖所面临的问题?",将其设置为"随机线条"动画效果,设置动画触发方式为"从上一项之后开始",速度为"非常快",方向为"水平"。

② 单击选择左上角"椭圆"形状,将其设置为"缩放"动画效果,设置动画触发方式为"从上一项之后开始",速度为"非常快",方向为"内"。

③ 单击选择左上角"椭圆"形状中的箭头,将其设置为"缩放"动画效果,设置动画触发方式为"从上一项开始",速度为"非常快",方向为"轻微缩小"。

④ 单击选择左上角"椭圆"中的文本，将其设置为"渐变"动画效果，设置动画触发方式为"从上一项开始"，速度为"非常快"。

⑤ 按照上述方法，设置右上角的"椭圆""箭头"和文本动画，将"椭圆"的动画触发方式设置为"从上一项开始"。

⑥ 单击选择 4 个椭圆右侧的"箭头"，将其设置为"切入"动画效果，设置动画触发方式为"从上一项之后开始"，速度为"非常快"，方向为"自左侧"。

⑦ 单击选择恒温仪图片，将其设置为"渐变式缩放"动画效果，设置动画触发方式为"从上一项之后开始"，速度为"非常快"。

⑧ 将图片第一行的连接线与相关文本框进行组合，设置组合为"渐变式缩放"动画效果，设置动画触发方式为"从上一项之后开始"，速度为"非常快"。

⑨ 按照上述方法，分别将连接线与对应的文本进行组合，并设置组合的动画效果，设置动画触发方式为"从上一项开始"。

⑩ 按照②至④的方法，设置第二行左侧"椭圆"的动画效果，将左侧"椭圆"的动画触发方式设置为"单击时"开始动画，右侧"椭圆"的动画触发方式设置为"从上一项开始"。

13.3.6　制作内容页3

制作内容页3

内容页 3 制作时需设置对象动画的动作路径。动作路径类的动画是让对象按照绘制的路径实现动画效果，其动画灵活变化，动作路径可以是系统预定的路径，也可以是自定义的路径。路径主要分为基本形状、直线、曲线、特殊形状以及绘制的自定义路径 5 类。

绿点为起点，红点为终点。路径可以锁定和解除锁定，编辑顶点和反转路径方向。内容页 3 效果图如图 13-30 所示。

不只是鱼缸？

鱼鱼日记　　互动游戏　　云海　　海底两万里　　水族分析

▲ 图13-30　内容页3效果图

内容页 3 的制作过程如下。

1. 文本"不只是鱼缸"

(1) 插入横向文本框，输入文本"不只是鱼缸"，设置字体为"微软雅黑"，字号为"32"，字体颜色为"黑色，文本 1，阴影"。

(2) 动画制作：单击选择文本框，将其设置为"渐变式缩放"动画效果，设置动画触发方式为"从上一项之后开始"，速度为"非常快"。

2. "鱼鱼日记"图片和"鱼鱼日记"文本框

(1) 插入图片，将其摆放于幻灯片中央位置。单击选择图片，设置"飞入"动画效果，设置动画触发方式为"单击时"开始动画，速度为"非常快"，方向为"自顶部"。

(2) 插入文本框，输入文本"鱼鱼日记"，将其摆放于图片下方。单击选择文本框，设置"飞入"动画效果，设置动画触发方式为"从上一项开始"，速度为"非常快"，方向为"自底部"。

(3) 单击选择图片，在"自定义动画"窗格中点击"添加效果"按钮，在弹出的对话框中选择"动作路径"中"直线与曲线"下的"向下"选项。设置动画触发方式为"单击时"开始动画，路径选项选择"解除锁定"，速度为"非常快"，如图 13-31 所示。拖动红色终点，指向幻灯片左侧，如图 13-32 所示。

▲ 图13-31　设置动作路径动画参数

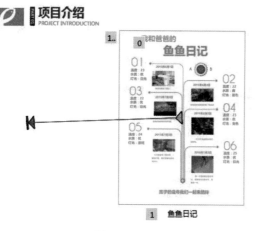

▲ 图13-32　动作路径设置

(4) 单击文本框，按同样的方法设置文本框的动作路径，如图 13-33 所示。

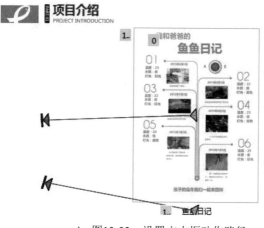

▲ 图13-33　设置文本框动作路径

(5) 单击选择图片，点击"自定义动画"窗格中的"添加动画"按钮，将其设置为"放大 / 缩小"动画效果，设置动画触发方式为"从上一项之后开始"，速度为"非常快"，尺寸为"50%"。

(6) 再次单击图片，点击"自定义动画"窗格中的"添加动画"按钮，将其设置为"消失"动画效果，设置动画触发方式为"从上一项之后开始"。

(7) 按同样的方法设置文本框为"消失"动画效果。

(8) 复制图片，调整图片的大小，将图片放于合适的位置，选定图片，将其设置为"出现"动画效果，设置动画触发方式为"从上一项之后开始"。

(9) 按同样的方法设置文本框为"出现"动画效果。复制文本框，将文本框放于合适的位置，选定文本框，将其设置为"出现"动画效果，如图 13-34 所示。

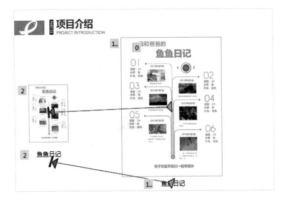

▲ 图13-34　设置图片及文本框动画效果

3. 其他元素

(1) 按同样的方法，为"互动游戏""云海""海底两万里""水族分析"等文本设置动画效果。

(2) 绘制"云形"形状，输入文本"线下俱乐部个性 UI……"，将其设置为"渐变式缩放"动画效果，设置动画触发方式为"从上一项之后开始"，速度为"非常快"。

13.3.7　制作内容页4

制作内容页4

内容页 4 的制作过程如下。

(1) 插入文本框：分别插入横向文本框和竖向文本框，输入相关文字，按照上述方法设置文字的字体、字号、颜色。

(2) 插入形状：插入"矩形""直线""箭头"，并将其摆放到相应的位置，设置各图形的大小及填充颜色。

(3) 插入图片：分别插入相关图片，并将其摆放到相应的位置。内容页 4 效果图如图 13-35 所示。

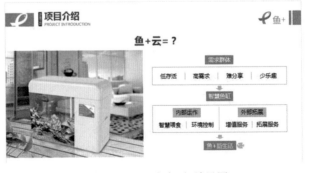

▲ 图13-35　内容页4效果图

（4）动画制作的具体操作如下。

① 单击选择"鱼＋云＝？"文本框，将其设置为"渐变式缩放"动画效果，设置动画触发方式为"从上一项开始"，速度为"非常快"。

② 单击选择幻灯片左侧图片，将其设置为"随机线条"动画效果，设置动画触发方式为"从上一项之后开始"，速度为"非常快"，方向为"水平"。

③ 单击选择"需求群体"文本框，将其设置为"下降"动画效果，设置动画触发方式为"从上一项之后开始"，速度为"非常快"。

④ 将"需求群体"文本下方的对象组合，设置组合为"下降"动画效果，设置动画触发方式为"从上一项开始"，速度为"非常快"。

⑤ 单击选择组合下方的"箭头"，将其设置为"下降"动画效果，设置动画触发方式为"从上一项之后开始"，速度为"非常快"。

⑥ 按同样的方法，对"智慧鱼缸"及其下方组合设置动画效果。

⑦ 单击选择"智慧鱼缸"组合下方的箭头，将其设置为"下降"动画效果，设置动画触发方式为"单击时"开始动画，速度为"非常快"。

⑧ 将"鱼＋新生活"和右侧的图片组合，将其设置为"下降"动画效果，设置动画触发方式为"从上一项之后开始"，速度为"非常快"。

13.3.8　制作内容页5

内容页 5 的制作过程如下。

（1）插入文本框：分别插入横向文本框和竖向文本框，输入相关文字，按照上述方法设置文字的字体、字号、颜色。

制作内容页5

（2）插入形状：在表格相应位置插入"箭头"，在"对象属性"中设置线条颜色为"红色"。

（3）使用表格展示数据：表格主要用来组织数据，它由水平的行和垂直的列组成，行与列交叉形成的方框称为单元格。我们可以在单元格中输入各种数据，从而使数据和事例更加清晰，便于读者理解。具体操作步骤如下。

① 插入表格并输入内容：单击"插入"选项卡中的"表格"按钮，将鼠标光标在展开的列表中的小方格中移动，当列表的左上角显示所需的行、列数后单击鼠标，即可在幻灯片中插入一个带主题格式的表格。也可在展开列表中选择"插入表格"选项，打开"插入表格"对话框，设置列数和行数，单击"确定"按钮，然后在表格中输入文本。

② 编辑表格：表格创建好后，可对表格进行适当的编辑操作，如合并相关

单元格以制作表头，在表格中插入行或列，以及调整表格的行高和列宽等。

③ 美化表格：对表格进行编辑操作后，还可以对其进行美化，如为表格添加边框和底纹等。具体操作步骤为：选定表格，单击"表格样式"选项卡中"表格样式"右侧的下拉按钮，在菜单列表中选择一种样式。

④ 插入本任务要求的表格，具体操作为：插入一个 5 列 15 行的表格，选定需合并的单元格，选择"表格工具"中的"合并单元格"按钮合并相关单元格；分别选定需填充颜色的单元格，打开"对象属性"对话框，设置单元格填充颜色分别为"白色 背景 1"和"RGB(234，243，250)"；输入相关文字，设置文字的字体、字号。内容页 5 效果图如图 13-36 所示。

企业外部	企业内部		企业外部	
重要伙伴	关键业务	价值主张	客户关系	客户群体
供应商 生产商 网络运营	实体销售 产品生产 拓展服务 技术研发	全新的智慧鱼缸 全新的养殖模式 全新的生活模式	售后服务 社区分享 用户活动 意见反馈	传统水族爱好群体 潜在水族养殖群体 其余宠物养殖群体 极客科技鉴鲜群体
	核心资源		销售渠道	
	用户数据 创新技术 商业模式 研发人才		网络众筹 代理授权 社交销售 集团合作	
成本结构			收入来源	
网络接入 生产制造 材料购买 宣传推广 办公费用 人工费用			实体销售 经销授权 售后服务 社区分享 广告收入 其他来源	

▲ 图13-36　内容页5效果图

(4) 动画制作的具体操作如下。

① 单击选择表格，将其设置为"上升"动画效果，设置动画触发方式为"从上一项开始"，速度为"非常快"。

② 分别选择表格中的"箭头"，将其设置为"上升"动画效果，设置动画触发方式为"从上一项之后开始"，速度为"非常快"。

13.3.9　制作内容页6

制作内容页6

内容页 6 的制作过程如下。

(1) 插入文本框：分别插入横向文本框和竖向文本框，输入相关文字，按照上述方法设置文字的字体、字号、颜色。

(2) 插入形状：插入"椭圆""右箭头"，将形状摆放到相应的位置，设置形状的大小及填充颜色。

（3）插入图片：分别插入相关图片，将图片摆放到相应的位置。

（4）插入表格：分别插入 3 个 1 列 7 行的表格，并选定表格，设置表格样式。设置表格样式的操作如下：单击"表格样式"选项卡中的"边框"按钮，在展开的列表中选择"无框线"；打开"对象属性"对话框，将奇数行填充为"白色背景 1"，偶数行填充为"RGB(234，243，250)"；在单元格中输入相关的文本并设置字体、字号。内容页 6 效果图如图 13-37 所示。

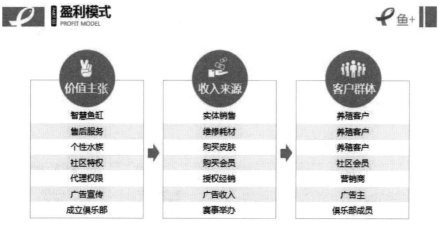

▲　图13-37　内容页6效果图

（5）动画制作的具体操作如下。

① 依次从左往右选择表格外框的"矩形"，将其设置为"上升"动画效果，设置动画触发方式为"从上一项之后开始"，速度为"非常快"。

② 依次从左往右选择"椭圆"，将其设置为"上升"动画效果，设置动画触发方式为"从上一项之后开始"，速度为"非常快"。

③ 单击选择文本框"价值主张"，将其设置为"上升"动画效果，设置动画触发方式为"从上一项之后开始"，速度为"非常快"。

④ 单击选择"价值主张"上方的图片，将其设置为"上升"动画效果，设置动画触发方式为"从上一项之后开始"，速度为"非常快"。

⑤ 按上述方法，依次设置"收入来源""客户群体"以及上方图片的动画效果。

⑥ 依次从左往右选择表格，将其设置为"上升"动画效果，设置动画触发方式为"从上一项之后开始"，速度为"非常快"。

⑦ 依次从左往右选择"右箭头"，将其设置为"上升"动画效果，设置动画触发方式为"从上一项之后开始"，速度为"非常快"。

13.3.10 制作内容页7

制作内容页7

内容页 7 的制作过程如下。

(1) 插入文本框：分别插入横向文本框和竖向文本框，输入相关文字，按照上述方法设置文字的字体、字号、颜色。

(2) 插入图片：分别插入相关图片，将图片摆放到相应的位置。

(3) 插入表格：在幻灯片左侧插入 3 列 19 行表格，将序号为 1、2、10、14、15 行的颜色填充为 "RGB(223，234，250)"，输入相关文字，设置字体、字号；在幻灯片右侧插入 2 列 13 行表格，将第 2、3、8、11、13 行的颜色填充为 "RGB(223，234，250)"。

内容页 7 效果图如图 13-38 所示。

▲ 图13-38　内容页7效果图

13.3.11 制作内容页8

制作内容页8

内容页 8 的制作过程如下。

(1) 插入文本框：分别插入横向文本框和竖向文本框，输入相关文字，按照上述方法设置文字的字体、字号、颜色。

(2) 插入形状：插入 "矩形" "椭圆"，并将形状摆放到相应的位置，设置各形状的大小、线条类型及填充颜色。

(3) 插入图片：分别插入相关图片，并将图片摆放到相应的位置。

内容页 8 效果图如图 13-39 所示。

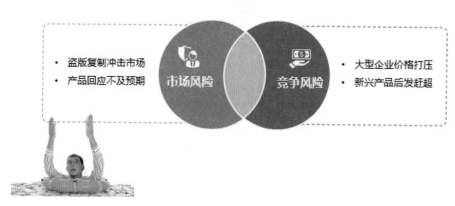

▲ 图13-39　内容页8效果图

（4）动画制作的具体操作如下。

① 将文本框"市场风险"及其上方的图片和"椭圆"进行组合，设置组合为"切入"动画效果，设置动画触发方式为"从上一项之后开始"，速度为"非常快"，方向为"自右侧"。

② 将文本框"竞争风险"及其上方的图片和"椭圆"进行组合，设置组合为"切入"动画效果，设置动画触发方式为"从上一项之后开始"，速度为"非常快"，方向为"自左侧"。

③ 单击选择两个椭圆交叉处的"椭圆"，将期设置为"渐变式缩放"动画效果，设置动画触发方式为"从上一项之后开始"，速度为"非常快"。

④ 单击选择左侧虚线框的"矩形"，将其设置为"渐变"动画效果，设置动画触发方式为"从上一项之后开始"，速度为"非常快"。

⑤ 单击选择幻灯片左侧的文本框，将其设置为"渐变"动画效果，设置动画触发方式为"从上一项之后开始"，速度为"非常快"，方向为"自顶部"。

⑥ 按同样的方法，设置幻灯片右侧的"矩形"和文本框的动画效果。

13.3.12　制作内容页9

内容页 9 的制作过程如下。

（1）插入图片：分别插入相关图片，并将图片摆放到相应的位置。内容页 9

制作内容页9

效果图如图 13-40 所示。

▲ 图13-40　内容页9效果图

(2) 动画制作：单击选择最下方的图片，将其设置为"上升"动画效果，设置动画触发方式为"从上一项之后开始"，速度为"快速 (1 秒)"。

(3) 按同样的方法，按从下往上的顺序设置另外两张图片的动画效果。

制作结尾页

13.3.13　制作结尾页

结尾页的制作过程如下。

(1) 设置版式：设置结尾页的版式为"空白"。

(2) 设置背景：设置结尾页的背景为"白色 背景 1"。

(3) 参照封面的制作方法，分别插入"矩形""直角三角形""直线"形状，并设置各形状的大小及填充颜色。

(4) 插入文本框：插入横向文本框，输入相关文字，按照上述方法设置文字的字体、字号、颜色。

(5) 插入形状：插入"矩形""椭圆"，并将各形状摆放到相应的位置，设置各形状的大小、线条类型及填充颜色。

(6) 插入图片：插入相关图片，并将图片摆放到相应的位置。

结尾页效果图如图 13-41 所示。

▲ 图13-41　结尾页效果图

13.3.14　设置幻灯片切换动画

设置幻灯片
切换动画

幻灯片切换效果是指在演示文稿的放映过程中，由前一张幻灯片向后一张幻灯片转换时所添加的特殊视觉效果，也可以是指整个演示文稿中的幻灯片全部使用的同一种切换效果。在幻灯片放映时，首先出现切换效果，然后出现动画效果。

为演示文稿中的幻灯片设置切换方式的操作步骤如下。

(1) 单击状态栏中的"幻灯片浏览"视图按钮或"视图"选项卡中的"幻灯片浏览"按钮，切换到幻灯片浏览视图，在该视图中便于快速设置幻灯片的切换效果，如图 13-42 所示。

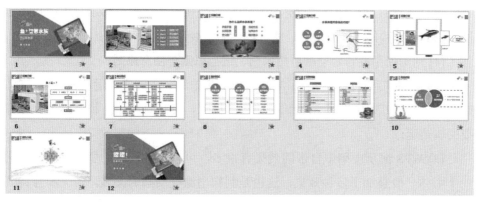

▲ 图13-42　"幻灯片浏览"视图

(2) 选中要设置切换的幻灯片，在"切换"选项卡中选择切换效果，也可以单击列表右侧的下拉按钮，在更多的切换效果中进行选择，如图 13-43 所示。

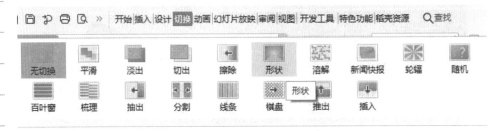

▲ 图13-43　幻灯片切换效果列表

(3) 为选择的切换效果设置相应的属性，如"效果选项""声音""速度"以及"换片方式"等属性。

(4) 在"幻灯片浏览"视图中，选择第 4 张至第 10 张幻灯片，选择"淡出"切换效果，如图 13-44 所示。

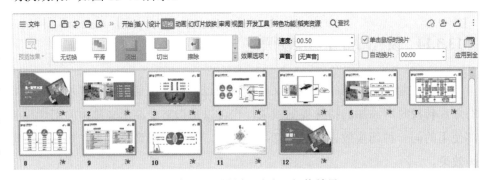

▲ 图13-44　设置"淡出"切换效果

13.3.15　任务小结

本任务通过教学课件类演示文稿的制作，使学生体验了演示文稿动画制作过程和演示文稿的放映方式等。实际操作中需要注意以下问题：

(1) 动画使用要符合动画自然原则、适当原则与创意原则。

(2) 方向和路径的使用。在演示文稿中应把路径理解成"运动轨迹"，物体沿着什么轨迹运动就是演示文稿中路径的概念，有了路径后，物体就可以按想要的轨迹运行。

(3) WPS 演示文稿中自带的效果有很多，可以直接使用。复杂动画中，同一个物体一般叠加了多种效果，这也是制作出漂亮动画的关键。消失和强调其实是一种特殊的效果，想要动画精彩，必须使用多个效果。好的动画效果还需要配合好的音效。

13.4　相关知识

1. 母版视图

母版视图包括幻灯片母版视图、讲义母版视图和备注母版视图。它们是存储有关演示文稿信息的主要幻灯片，信息包括背景、颜色、字体、效果、占位符大小和位置等。使用母版视图的一个主要优点在于，在幻灯片母版、备注母版或讲义母版上，可以对与演示文稿关联的每个幻灯片、备注页或讲义的样式进行全局更改。

2. 幻灯片母版

幻灯片母版是一种特殊的幻灯片，利用它可以统一设置演示文稿中的所有幻灯片，或指定幻灯片的内容格式 (如占位符中文本的格式)，以及需要统一在这些幻灯片中显示的内容，如图片、图形、文本或幻灯片背景等。

3. 动画效果

动画效果是指给文本或对象添加特殊视觉或声音效果。可以将 WPS 演示文稿中的文本、图片、形状、表格、智能图形和其他对象制作成动画，赋予它们进入、退出、大小或颜色变化甚至移动等视觉效果。

自定义动画可以让标题、正文和其他对象以各自不同的方式展示出来，使制作的幻灯片具有丰富的动态感，从而使演示文稿变得生动、形象。

13.5　操作技巧

1. 演示文稿中的图片随时更新

用 WPS Office 制作演示文稿时，有时需要对图片进行更新，若大批量更新图片，工作量特别大。如果要实现插入的图片与源文件同步，则可在单击 "插入" 时选择 "插入和链接"。这样一来，往后只要在系统中修改了插入图片，演示文稿中的图片也就自动更新，免除了重复修改的麻烦。

2. 改变超链接文字默认颜色

在演示文稿中，如果对文字做了超链接或动作设置，那么演示文稿会给它一个默认的文字颜色和单击后的文字颜色。改变超链接文字默认颜色的具体操作为：在"设计"选项卡中单击"配色方案"按钮，在弹出的列表中选择一个方案，即可对字体颜色进行修改。

13.6　拓展训练

选择题

1. 要将幻灯片中多个圆形的圆心重叠在一起，最快捷的操作方法是（　　　）。

A. 借助智能参考线，拖动每个圆形，使其位于目标圆形的正中央

B. 同时选中所有圆形，设置其"左右居中"和"垂直居中"

C. 显示网络线，按照网络线分别移动圆形的位置

D. 在"设置形状格式"对话框中，调整每个圆形的"位置"参数

2. 小郑通过 WPS 演示文稿制作公司宣传片时，在幻灯片母版中添加了公司徽标图片。现在他希望放映时暂不显示该徽标图片，最优的操作方法是（　　　）。

A. 在幻灯片母版中，插入一个以白色填充的图形框遮盖该图片

B. 在幻灯片母版中通过"格式"选项卡中的"删除背景"功能删除该徽标图片，放映过后再加上

C. 选中全部幻灯片，设置隐藏背景图形功能后再放映

D. 在幻灯片母版中，调整该图片的颜色、亮度、对比度等参数，直到其变为白色

3. 小何在 WPS 演示文稿中绘制了一组流程图形状，他希望将这些图形在垂直方向上等距排列，最优的操作方法是（　　　）。

A. 用鼠标拖动这些图形，使其间距相同

B. 显示网络线，依据网络线移动图形的位置，使其间距相同

C. 全部选中这些图形，设置"纵向分布"对齐方式，使其间距相同

D. 在"设置对象格式"窗格中，在"大小与属性"选项卡中设置每个图形的"位置"参数，逐个调整其间距

4. 小李在制作 WPS 演示文稿时，需要将一个被其他图形完全遮盖的图片删除，最优的操作方法是（　　　）。

A. 先将上层图形移走，然后选中该图片将其删除

B. 通过按 <Tab> 键，选中该图片后将其删除

C. 打开"选择"窗格，在对象列表中选择该图片名称后将其删除

D. 直接在幻灯片中单击选择该图片，然后将其删除

5. 小金在 WPS 演示文稿中绘制了一个包含多个图形的流程图，他希望该流程图中的所有图形可以作为一个整体移动，最优的操作方法是 (　　)。

　A. 选择流程图中的所有图形，通过"剪切""粘贴"的方式用"图片"功能将其转换为图片后再移动

　B. 每次移动流程图时，先选中全部图形，再用鼠标拖动

　C. 选择流程图中的所有图形，通过"绘图工具"选项卡中的"组合"功能将其组合为一个整体之后再移动

　D. 插入一幅绘图画布，将流程图中的所有图形复制到绘图画布中后再整体移动绘图画布

6. 小刘在 WPS 演示文稿中插入了一幅 WMF 格式的剪贴画，他希望分别调整该剪贴画各部分的颜色，最优的操作方法是 (　　)。

　A. 通过新建主题颜色来调整剪贴画各部分的默认颜色

　B. 先取消剪贴画组合，然后分别设置各部分的颜色

　C. 剪贴画作为一个图片整体，只能整体改变其颜色

　D. 通过"图片工具"选项卡中的"颜色"工具重新着色即可

7. 小吕在利用 WPS 演示文稿制作旅游风景简介演示文稿时插入了大量的图片，为了减小文档体积以便通过邮件方式发送给客户浏览，小吕需要压缩文稿中图片的大小，最优的操作方法是 (　　)。

　A. 直接利用压缩软件来压缩演示文稿的大小

　B. 先在图形图像处理软件中调整每个图片的大小，再重新替换到演示文稿中

　C. 在 WPS 演示文稿中通过调整缩放比例、剪裁图片等操作来减小每张图片的大小

　D. 直接通过 WPS 演示文稿提供的"压缩图片"功能压缩演示文稿中图片的大小

8. 在 WPS 演示文稿中，要将某张幻灯片中的 3 张图片设置为到幻灯片上边缘的距离相等，最快捷的操作方法是 (　　)。

　A. 分别设置每张图片的位置，使其到幻灯片左上角的垂直距离相等

　B. 同时选中 3 张图片，并将它们设置为顶端对齐

　C. 同时选中 3 张图片，并将它们设置为上下居中

　D. 利用形状对齐智能向导，直接使用鼠标进行拖曳

任务14　演示文稿中编辑母版
——高校技能大赛介绍

14.1　任务简介

本任务要求采用插入图片及绘制自选图形、编辑母版、修改幻灯片背景等方法创建图文并茂的演示文稿。"职业院校技能大赛介绍"演示文稿效果图如图14-1所示。

▲ 图14-1　"职业院校技能大赛介绍"演示文稿效果图

14.2　任务目标

本任务涉及的知识点主要有：演示文稿中文本的编辑方法、智能图形的使用方法、母版的使用、插入动画以及切换效果的应用等。

学习目标：

- 掌握幻灯片中文本编辑与设置的方法。
- 掌握在幻灯片中插入艺术字、图片及绘制图形和智能图形的方法。
- 掌握编辑和应用幻灯片母版的方法。
- 掌握设置幻灯片的动画效果和切换效果的方法。

思政目标：

- 培养学生的审美意识和审美能力。
- 培养学生百折不挠、勇往直前的拼搏精神。
- 培养学生追求卓越、精益求精的工匠精神。
- 培养学生的团队精神。

14.3　任务实现

14.3.1　制作幻灯片母版

制作幻灯片母版的过程如下。

(1) 新建 WPS 演示文稿。

(2) 单击"设计"选项卡下的"页面设置"按钮，打开"页面设置"对话框，设置"宽度 (W)"为"25.4 厘米"，"高度"为"15.88 厘米"，如图 14-2 所示。

制作幻灯片
母版

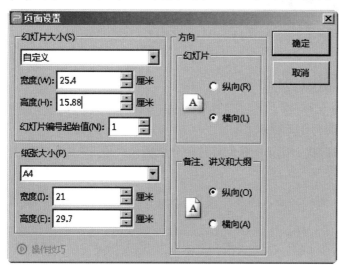

▲　图14-2　"页面设置"对话框

(3) 修改"母版"格式：单击"视图"选项卡下的"幻灯片母版"按钮，切换到幻灯片母版视图。选中幻灯片缩略图中的第一个"母版"，单击"设计"选项卡下的"背景"按钮，在打开的列表中选择"背景"，在打开的"对象属性"对话框中选择"纯色填充"，将背景颜色设置为"白色 背景 1"。

(4) 修改"标题幻灯片"：在幻灯片母版视图下，选中幻灯片缩略图中的"标题幻灯片"，在"标题幻灯片"的左侧插入图片"图片 1.png"，右下角插入图片"图片 2.png"。

(5) 关闭母版视图：单击"关闭"按钮，即转入"普通视图"。最终效果图如图 14-3 所示。

▲ 图14-3 "标题幻灯片"母版效果图

制作封面页

14.3.2 制作封面页

封面页的制作过程如下。

(1) 插入形状：在第一张幻灯片中分别插入"矩形""弧形"，并设置形状的大小及颜色。

(2) 插入图片：插入图片"图片 3.png"和"图片 4.png"，设置图片的大小及位置。

(3) 插入文本框：插入"横向文本框"，输入相关文字，设置字体、字号。

最终完成效果如图 14-4 所示。

▲　图14-4　封面页效果图

(4) 动画制作的具体操作如下。

① 单击"动画"选项卡中的"自定义动画"按钮，选中幻灯片左侧的"矩形"，设置"动画效果"为"劈裂"，设置"动画触发效果"为"从上一项开始"，速度为"非常快"，方向为"中央向上下展开"。

② 分别单击选择幻灯片中的弧形，设置为"擦除"动画效果，设置"动画触发效果"为"从上一项开始"，速度为"非常快"，方向为"自顶部"。

③ 单击幻灯片中的文本框，设置为"上升"动画效果，设置"动画触发效果"为"从上一项开始"，速度为"快速"。

④ 分别单击选择幻灯片中的图片，设置为"擦除"动画效果，设置"动画触发效果"为"从上一项开始"，速度为"非常快"，方向为"自底部"。

14.3.3　制作目录页

目录页的制作过程如下。

(1) 新建幻灯片。

(2) 设置版式：应用版式"标题幻灯片"。

(3) 插入形状：插入"矩形""椭圆"，设置形状的大小及颜色。

(4) 插入图片：插入图片"图片 3.png"和"图片 4.png"，设置图片的大小及位置。

(5) 插入文本框：插入"横向文本框"，输入相关文字，设置字体、字号。

制作目录页

最终完成效果如图 14-5 的所示。

▲ 图14-5　目录页效果图

(6) 动画制作的具体操作如下。

① 单击选择幻灯片下方左侧的矩形块,设置为"渐变"动画效果,设置"动画触发效果"为"从上一项开始",速度为"非常快"。

② 分别单击选择幻灯片下方的其余矩形块,设置为"渐变"动画效果,设置"动画触发效果"为"从上一项之后开始",速度为"非常快"。

③ 将幻灯片中数字"1""矩形"和弧形组合,设置为"飞入"动画效果,设置"动画触发效果"为"从上一项开始",速度为"非常快",方向为"自左侧"。

④ 按同样方法将数字"2""矩形"和弧形组合,设置为"飞入"动画效果,设置"动画触发效果"为"从上一项开始",速度为"非常快",方向为"自左侧"。

⑤ 单击选择幻灯片最上方"矩形",设置为"劈裂"动画效果,设置"动画触发效果"为"从上一项开始",速度为"非常快",方向为"中央向左右展开"。

⑥ 单击选择幻灯片中"目录"外的"椭圆",设置为"渐变"动画效果,设置"动画触发效果"为"从上一项开始",速度为"非常快"。单击"自定义动画"窗格中的"添加动画"按钮,为"椭圆"继续添加动画效果,设置为"忽明忽暗"动画效果,设置"动画触发效果"为"从上一项开始",速度为"非常快"。

⑦ 单击选择文本框"目录"，设置为"渐变"动画效果，设置"动画触发效果"为"从上一项开始"开始动画，速度为"非常快"。单击选择文本框"关于大赛"，设置为"飞入"动画效果，设置"动画触发效果"为"从上一项开始"，速度为"非常快"，方向为"自右侧"。

⑧ 按同样方法为文本"大赛的地位与宗旨"添加动画效果。

⑨ 单击选择幻灯片左上角图片，设置为"擦除"动画效果，设置"动画触发效果"为"从上一项开始"，速度为"非常快"，方向为"自底部"。单击选择幻灯片右下角图片，设置为"盒状"动画效果，设置"动画触发效果"为"从上一项开始"，速度为"非常快"，方向为"内"。

14.3.4　制作内容页1

内容页 1 的制作过程如下。

(1) 新建幻灯片。

(2) 设置版式：应用版式"标题幻灯片"。

(3) 设置背景：设置背景颜色为"RGB(255，78，86)"。

(4) 插入形状：插入"椭圆"，设置形状的大小及颜色。

(5) 插入图片：插入图片"图片 3.png"和"图片 4.png"，设置图片的大小及位置。

(6) 插入文本框：插入"横向文本框"，输入相关文字，设置字体、字号。最终完成效果图如图 14-6 的所示。

制作内容页1

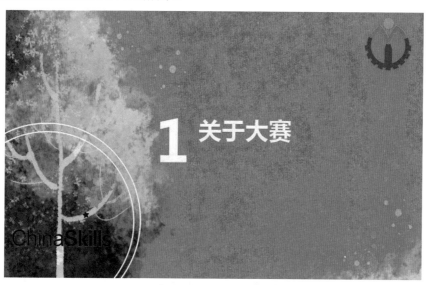

▲ 图14-6　内容页1效果图

（7）动画制作：

① 单击选择"椭圆"，设置为"擦除"动画效果，设置"动画触发效果"为"从上一项开始"，速度为"非常快"，方向"自顶部"。

② 单击选择数字"1"，设置为"上升"动画效果，设置"动画触发效果"为"从上一项开始"，速度为"快速"。

③ 单击选择文本框"关于大赛"，设置"渐变"动画效果，设置为"从上一项开始"，速度为"非常快"。

④ 单击左下角图片，设置"擦除"动画效果，设置为"从上一项开始"，速度为"非常快"，方向"自底部"。

14.3.5　制作内容页2

制作内容页2

内容页 2 的制作过程如下。

（1）新建幻灯片。

（2）设置版式：应用版式"标题幻灯片"。

（3）插入形状：插入"椭圆""矩形""左弧形箭头""右弧形箭头""直线"和"等腰三角形"，设置图形的大小及颜色。

（4）插入图片：插入图片"图片 3.png""图片 4.png""图片 5.png"，设置图片的大小及位置。

（5）插入文本框：插入"横向文本框"，输入相关文字，设置字体、字号。最终完成效果如图 14-7 所示。

▲ 图14-7　内容页2效果图

(6) 动画制作：

① 单击选择幻灯片左侧长条矩形，设置为"擦除"动画效果，设置"动画触发效果"为"从上一项开始"，速度为"非常快"，方向为"自底部"。

② 分别单击选择幻灯片下方的弧形，设置为"擦除"动画效果，设置"动画触发效果"为"从上一项开始"，速度为"非常快"，方向为"自顶部"。将数字 1 与弧形组合设置为"上升"动画效果，设置"动画触发效果"为"从上一项开始"，速度为"快速"。

③ 单击选择矩形条上方的"等腰三角形"，设置为"擦除"动画效果，设置"动画触发效果"为"从上一项开始"，速度为"非常快"，方向为"自左侧"。

④ 单击选择幻灯片下方文本框"全国性职业教育学生竞赛活动"，设置为"擦除"动画效果，设置"动画触发效果"为"从上一项开始"，速度为"非常快"，方向为"自顶部"。单击选择幻灯片上方图片"全国职业院校技能大赛"，设置为"擦除"动画效果，设置"动画触发效果"为"从上一项开始"，速度为"非常快"，方向为"自顶部"。

⑤ 分别单击选择幻灯片中间的两个"椭圆"，设置"擦除"动画效果，设置动画触发效果为"从上一项开始"，速度为"非常快"，方向为"自顶部"。单击选择文本"发起"下方的"直线"，设置为"擦除"动画效果，设置动画触发效果为"从上一项开始"，速度为"非常快"，方向为"自顶部"。

⑥ 分别单击选择文本框"发起""中华人民共和国教育部""联合""国务院有关部门、行业和地方"，设置为"擦除"动画效果，设置动画触发效果为"从上一项开始"，速度为"非常快"，方向为"自顶部"。

⑦ 分别单击选择"左弧形箭头"和"右弧形箭头"，设置为"擦除"动画效果，设置动画触发效果为"从上一项开始"，速度为"非常快"，方向为"自顶部"。

⑧ 单击选择文本框"共同举办"，设置"擦除"动画效果，设置动画触发效果为"从上一项开始"，速度为"非常快"，方向为"自顶部"。

14.3.6　制作内容页3

内容页 3 的制作过程如下。

(1) 新建幻灯片。

(2) 设置版式：应用版式"标题幻灯片"。

(3) 插入形状：插入"椭圆""矩形""直线"和"等腰三角形"，设置形状

制作内容页3

的大小及颜色。

(4) 插入图片：插入图片"图片 3.png""图片 4.png""图片 5.png"，设置图片的大小及位置。

(5) 插入文本框：插入"横向文本框"，输入相关文字，设置字体、字号。最终完成效果如图 14-8 所示。

▲ 图14-8 内容页3效果图

(6) 动画制作：

① 按照内容页 2 中的方法，制作幻灯片左侧的形状、文本框的动画效果。

② 单击选择幻灯片上方图片"全国职业院校技能大赛"，设置为"擦除"动画效果，设置动画触发效果为"从上一项开始"，速度为"非常快"，方向为"自顶部"。

③ 将文本框"充分展示""职业教育改革发展的丰硕成果"和"矩形"组合，设置组合为"擦除"动画效果，设置动画触发效果为"从上一项开始"，速度为"快速"，方向为"自左侧"。

④ 按同样方法分别设置下方文本框及形状的动画效果。

14.3.7 制作内容页4

制作内容页4

内容页 4 的制作过程如下。

(1) 新建幻灯片。

(2) 设置版式：应用版式"标题幻灯片"。

(3) 插入形状：插入"椭圆""矩形""直线"和"等腰三角形"，设置形状的大小及颜色。

（4）插入图片：插入图片"图片 3.png""图片 4.png""图片 5.png"，设置图片的大小及位置。

（5）插入文本框：插入"横向文本框"，输入相关文字，设置字体、字号的格式。最终效果图如图 14-9 所示。

▲　图14-9　内容页4效果图

（6）动画制作的具体操作如下。

① 按照内容页 2 的方法，制作幻灯片左侧的形状、文本框的动画效果。

② 单击选择文本框"国家级职业院校技能赛事"，设置动画触发效果为"从上一项开始"，速度为"非常快"，方向"自顶部"。

③ 单击选择右侧的第一行图片，设置为"擦除"动画效果，设置动画触发效果为"从上一项开始"，速度为"非常快"，方向为"自顶部"。

④ 单击选择幻灯片上方图片"全国职业院校技能大赛"，设置为"擦除"动画效果，设置动画触发效果为"从上一项开始"，速度为"非常快"，方向为"自顶部"。

⑤ 按同样的方法，设置右侧另外 2 张图片的动画效果。

⑥ 单击选择幻灯片中的文本框"专业覆盖面最广"，设置为"擦除"动画效果，设置动画触发效果为"从上一项开始"，速度为"非常快"，方向为"自左侧"。

14.3.8　制作内容页5

内容页 5 的制作过程，可按照内容页 1 的方法制作及设置动画效果，最终效果图如图 14-10 所示。

制作内容页5

▲ 图14-10　内容页5效果图

14.3.9　制作内容页6

制作内容页6

内容页 6 的制作过程如下。

(1) 新建幻灯片。

(2) 设置版式：应用版式"标题幻灯片"。

(3) 插入形状：插入"椭圆""矩形""直线""等腰三角形"和"椭圆形标注"，设置形状的大小及颜色。

(4) 插入图片：插入图片"图片 3.png""图片 4.png""图片 5.png"，设置图片的大小及位置。

(5) 插入文本框：插入"横向文本框"，输入相关文字，设置字体、字号。最终完成效果如图 14-11 所示。

▲ 图14-11　内容页6效果图

(6) 动画制作的具体操作如下。

① 按照内容页 2 的方法，制作幻灯片左侧的形状、文本框的动画效果。

② 将椭圆形标注与文本框组合，设置为"弹跳"动画效果，设置"动画触

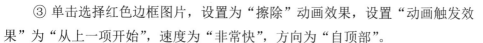
发效果"为"从上一项开始",速度为"1.25 秒",延迟"0.3 秒"。

③ 单击选择红色边框图片,设置为"擦除"动画效果,设置"动画触发效果"为"从上一项开始",速度为"非常快",方向为"自顶部"。

④ 单击选择幻灯片上方图片"全国职业院校技能大赛",设置为"擦除"动画效果,设置"动画触发效果"为"从上一项开始",速度为"非常快",方向为"自顶部"。单击选文本框"普通教育教育有高考 职业教育有大赛",设置为"擦除"动画效果,设置"动画触发效果"为"从上一项开始",速度为"非常快",方向为"自左侧"。

⑤ 单击选择蓝色边框图片,设置为"擦除"动画效果,设置"动画触发效果"为"从上一项开始",速度为"非常快",方向为"自顶部"。

⑥ 单击选择"地位"组合,设置为"擦除"动画效果,设置"动画触发效果"为"从上一项开始",速度为"非常快",方向为"自顶部"。

14.3.10　制作结尾页

制作结尾页

结尾页的制作过程如下。

(1) 新建幻灯片。

(2) 设置版式:应用版式"标题幻灯片"。

(3) 设置背景:设置背景颜色为"RGB(255,78,86)"。

(4) 插入形状:插入"矩形",设置矩形的大小及颜色。

(5) 插入图片:插入图片"图片 3.png""图片 4.png",设置图片的大小及位置。

(6) 插入文本框:插入"横向文本框",输入相关文字,设置字体、字号。最终完成效果如图 14-12 所示。

▲ 图14-12　结尾页效果图

(7) 动画制作的具体操作如下。

① 单击选择幻灯片中间最左侧矩形，设置为"轮子"动画效果，设置"动画触发效果"为"从上一项开始"，速度为"中速"，辐射状"1 轮辐图案"。

② 分击单击选择其余 4 个矩形，设置"轮子"动画效果，设置"动画触发效果"为"从上一项开始"开始动画，速度为"中速"，辐射状"1 轮辐图案"。

③ 单击选择文本框"谢谢聆听指导"，设置"缩放"动画效果，设置"动画触发效果"为"从上一项开始"，速度为"0.7 秒"，缩放"外"，动画文本"按字母"。

④ 单击选择文本框"THANKS FOR LISTENING TO GUIDE"，设置为"上升"动画效果，设置"动画触发效果"为"从上一项开始"，速度为"快速"。

⑤ 单击选择幻灯片右下角图片，设置"擦除"动画效果，设置"动画触发效果"为"从上一项开始"，速度为"非常快"，方向"自底部"。

14.4 相关知识

1. 放映演示文稿

将制作好的演示文稿进行整体演示，这样可以检验幻灯片内容是否准确和完整，内容显示是否清楚，动画效果是否达到预期的目的等。放映是演示文稿制作过程当中非常重要的一环。

2. 演示文稿的共享

制作完成的演示文稿可以直接在安装有 WPS 的计算机中演示，但是如果计算机没有安装 WPS 或其他办公软件，演示文稿文件就不能直接播放。为了解决演示文稿的共享问题，WPS 提供了多种方案，可以将其发布或转换为视频、H5 或者图片，也可以将演示文稿打包到文件夹，甚至可以把 WPS 播放器和演示文稿一起打包。这样，即使在没有安装 WPS 程序的计算机上也能放映演示文稿。

3. 创建并打印演示文稿

演示文稿制作完成后，可以以每页一张的方式打印幻灯片，也可以以每页多张幻灯片的方式打印文稿讲义，还可以创建并打印备注。

14.5 操作技巧

1. 将演示文稿转换成文字文档

打开演示文稿，然后在"文件"菜单上单击"另存为"选项，在弹出的菜单中选择"转为 WPS 文字文档"。

2. 为演示文稿添加公司Logo

用 WPS 演示文稿为公司做演示文稿时，最好在每一页幻灯片上都加上公司的 Logo，这样可以间接宣传公司，树立企业形象。添加 Logo 的具体操作为：执行"视图"→"幻灯片母版"命令，在"幻灯片母版视图"中，将 Logo 放在合适的位置上，关闭母版视图返回到普通视图后，就可以看到在每一页都加上了公司 Logo，而且在普通视图上无法改动它。

3. 利用画笔来做标记

在放映幻灯片时，为了让效果更直观，有时我们需要在幻灯片上做些标记，具体方法是：在播放时单击鼠标右键，然后依次选择"指针选项"→"圆珠笔或水彩笔"。这样就可以调出画笔在幻灯片上写写画画了，用完后，按 <Esc> 键便可退出。

4. 快速调节文字大小

在 WPS 演示文稿中输入的文字大小不符合要求或者看起来效果不好，一般情况是可以通过选择字体字号加以解决的，但我们有一个更加简洁的方法，即选中文字后按 <Ctrl+]> 键放大文字，按 <Ctrl+[> 键缩小文字。

5. 轻松隐藏部分幻灯片

对于制作好的演示文稿，如果你希望其中的部分幻灯片在放映时不显示出来，我们可以将它隐藏，方法是：在普通视图下的左侧窗口中，按住 <Ctrl> 键的同时点击要隐藏的幻灯片，再点击鼠标右键，在弹出的菜单中选择"隐藏幻灯片"。如果想取消隐藏，只要选中相应的幻灯片，再进行一次上面的操作即可。

6. 对象也用格式刷

在 WPS 演示文稿中，想制作出具有相同格式的文本框 (比如相同的填充效果、线条色、文字字体、阴影设置等)，可以在设置好其中一个文本框后，选中它，点击"常用"工具栏中的"格式刷"工具，然后单击其他的文本框。如果有多个文本框，只要双击"格式刷"工具，再连续"刷"多个对象，完成操作后，再次单击"格式刷"就可以了。其实，不光文本框，其他如自选图形、图片、艺术字或剪贴画也可以使用格式刷来刷出完全相同的格式。

7. 演示文稿放映时鼠标不出现

演示文稿放映时，有时我们需要对鼠标指针加以控制，让它一直隐藏，方法是：放映演示文稿时，单击右键，在弹出的快捷菜单中选择"指针选项"→"箭头选项"，然后单击"永远隐藏"，就可以让鼠标指针无影无踪了。如果需要"唤回"指针，则点击此项菜单中的"可见"命令。如果你点击了"自动"（默认选项），则将在鼠标停止移动 3 秒后自动隐藏鼠标指针，直到再次移动鼠标时才会出现。

8. 将演示文稿保存为图片

打开要保存为图片的演示文稿，单击"文件"→"另存为"，将保存的文件类型选择为"JPEG 文件交换格式"，单击"保存"按钮，此时系统会询问用户"想导出演示文稿中的所有幻灯片还是只导出当前的幻灯片？"，根据需要单击其中相应的按钮就可以了。

14.6 拓展训练

操作题

打开本任务文件夹下的"拓展训练"文件夹下的素材文档"WPP.pptx"（.pptx 为文件扩展名），后续操作均基于此文件。

为了倡导文明用餐，制止餐饮浪费行为，形成文明、科学、理性、健康的饮食消费理念，我校宣传部决定开展一次全校师生宣传会，汪小苗负责为此次宣传会制作一份演示文稿，请帮助她完成这项任务。

1. 通过编辑母版功能，对演示文稿进行整体性设计：

(1) 将拓展训练文件下的"背景 .png"图片统一设置为所有幻灯片的背景。

(2) 将拓展训练文件夹下的图片"光盘行动 logo.png"批量添加到所有幻灯片页面的右上角，然后单独调整"标题幻灯片"版式的背景格式，使其"隐藏背景图形"。

(3) 将所有幻灯片中的标题字体统一修改为"黑体"。将所有应用了"仅标题"版式的幻灯片 (第 2、4、6、8、10 页) 的标题字体颜色修改为自定义颜色，RGB 值为"(248、192、165)"。

2. 将过渡页幻灯片 (第 3、5、7、9 页) 的版式布局更改为"节标题"版式。

3. 按下列要求，对标题幻灯片 (第 1 页) 进行排版美化：

(1) 美化幻灯片的标题文本，为主标题应用艺术字的预设样式"渐变填充 - 金色，轮廓 - 着色 4"，为副标题应用艺术字的预设样式"填充 - 白色，轮廓 - 着色 5，阴影"。

(2) 为幻灯片的标题设置动画效果，主标题以"劈裂"方式进入，方向为"中央向左右展开"，副标题以"切入"方式进入，方向为"自底部"，并设置动画开始方式为鼠标单击时主、副标题同时进入。

4. 按下列要求，为演示文稿设置目录导航的交互动作：

(1) 为目录幻灯片 (第 2 页) 中的 4 张图片分别设置超链接动作，使其在幻灯片放映状态下，通过单击鼠标即可跳转到相对应的节标题幻灯片 (第 3、5、7、9 页)。

(2) 通过编辑母版，为所有幻灯片统一设置返回目录的超链接动作，要求在幻灯片放映状态下，通过单击各页幻灯片右上角的图片，即可跳转回到目录幻灯片。

5. 按下列要求，对第 4 页幻灯片进行排版美化：

(1) 将拓展训练文件夹下的"锄地 .png"图片插入到本页幻灯片右下角的位置。

(2) 为两段内容文本设置段落格式，段落间距为"段后 10 磅""1.5 倍行距"，并应用"小圆点"样式的预设项目符号。

6. 按下列要求，对第 6 页幻灯片进行排版美化：

(1) 将"近期各国收紧粮食出口的消息"文本框设置为"五边形"箭头的预设形状。

(2) 将 3 段内容文本分别置于 3 个竖向文本框中，并沿水平方向上依次并排展示，相邻文本框之间以 10 厘米高、1 磅粗的白色直线进行分隔，并适当进行排版对齐。

7. 将第 8 张幻灯片中的 3 段文本转换为智能图形中的"梯形列表"来展示，梯形列表的方向修改为"从右往左"，颜色更改为预设的"彩色 - 第 4 个色值"，并将整体高度设置为"8 厘米"，宽度设置为"25 厘米"。

8. 按下列要求，对第 10 页幻灯片进行排版美化：

(1) 将文本框的"文字边距"设置为"宽边距"(上、下、左、右边距各为 0.38 厘米)，并将文本框的背景填充颜色设置为"透明度 40%"。

(2) 将图片的"柔化边缘"设置为"25 磅"，将图层置于文本框下方，使其不遮挡文本。

9. 为第 4、6、8、10 页幻灯片设置"平滑"切换方式，实现"居安思危"等标题文本从上一页平滑过渡到本页的效果，"切换速度"设置为"3 秒"。除此以外的其他幻灯片均设置为"随机"切换方式，"切换速度"设置为"1.5 秒"。

WPS 综合应用

练习 1　WPS 文字操作——经费联审结算单

某单位财务处请小张设计"经费联审结算单"模板，以提高日常报账和结算单审核的效率。请根据"练习 1　WPS 文字操作——经费联审结算单"素材文件夹里的"WPS 文字素材 1.docx"和"WPS 文字素材 2.xls"文档完成任务制作，具体要求如下。

(1) 将素材文档"WPS 文字素材 1.docx"另存为"结算单模板 .docx"，并保存在原文件夹中，后续操作均基于此文件。

(2) 设置"纸张大小"为"A4","纸张方向"为"横向","页边距"均为"1厘米"。设置"分栏"为"两栏","栏间距"为"2 字符"，其中左栏的内容为"经费联审结算单"表格，右栏的内容为"XX 研究所科研经费报账须知"文字，并要求左右两栏内容不跨栏、不跨页。

(3) 设置"经费联审结算单"表格的对齐方式为"居中对齐"，所有单元格内容的对齐方式为"居中对齐"。适当调整表格的行高和列宽，其中两个"意见"的行高不低于 2.5 厘米，其余各行的行高不低于 0.9 厘米。设置单元格的边框的细线宽度为"0.5 磅"，粗线宽度为"1.5 磅"。该步骤的效果图如参考素材文件夹下的"结算单样例 .jpg"所示。

(4) 设置"经费联审结算单"标题（表格第一行）的对齐方式为"水平居中"，字体为"华文中宋"，字号为"小二"，其余单元格的字体格式均设置为"小四、仿宋、加粗"。此外，除了"单位："文本的对齐方式设置为"左对齐"，其余单元格文本的对齐方式均设置为"居中对齐"。表格第二行的最后一个空白单元格将填写填报日期，字体设置为"四号、楷体"，对齐方式为"右对齐"；其他空白单元格格式均为四号、楷体、左对齐。

(5) "XX 研究所科研经费报账须知"以文本框的形式实现，其文字的显示方向与"经费联审结算单"相比，逆时针旋转 90 度。

(6) 设置"XX 研究所科研经费报账须知"第一行的文字格式为"小三、黑体、加粗",文字的对齐方式为"居中对齐";设置第二行的文字格式为"小四、黑体",文字的对齐方式为"居中对齐";设置其余文字的格式为"小四、仿宋",对齐方式为"两端对齐",段落格式为"首行缩进 2 字符"。

(7) 将"科研经费报账基本流程"中的四个步骤改为用"基本流程"智能图形显示,颜色为"着色 1"中的第一种颜色,样式为"默认样式"。

(8) "WPS 文字素材 2.xls"文档中包含了报账单据信息,需使用"结算单模板 .docx"自动批量生成所有结算单。对于结算金额为 5000 元 (含) 以下的单据,"经办单位意见"栏填写"同意,送财务审核。";否则填写"情况属实,拟同意,请所领导审批。"。另外,因结算金额低于 500 元的单据不再单独审核,所以在批量生成结算单据时,金额低于 500 元的单据记录应自动跳过。生成的批量单据存放在考生文件夹下,以"批量结算单 .docx"命名。

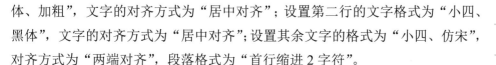

练习2 WPS文字操作——产品宣传册

打开"练习 2 WPS 文字操作—— 产品宣传册"文件夹里的"WPS.docx"素材文档,后续操作均基于此文件。

某公司需要为一款新推出的产品制作产品宣传册,小张已经收集了相关的图文素材,请帮助他完成宣传册的排版美化工作。注意,该宣传册排版后的最终篇幅应控制为 6 页。

(1) 设置文档属性的摘要信息:标题为"金山文档教育版宣传册",作者为"KSO"。

(2) 修改页面设置:纸张大小为"21 厘米 × 14.8 厘米",上、下页边距均为"1.5 厘米",左、右页边距均为"2 厘米";页眉、页脚距边界均为"0.75 厘米"。

(3) 请按照以下要求操作对封面标题进行美化:

① 将封面标题前两行文字的颜色设置为标准色"蓝色"。

② 将封面标题第三行文字的格式设置为斜体并应用艺术字预设样式为"渐变填充 – 钢蓝"。

③ 将封面标题的首字母 K 设置为"首字下沉 3 行"。

(4) 宣传册已应用预设样式并已完成部分格式化工作,请进一步修改"标题1"的样式格式,要求:

① 设置文字格式为"小一号、不加粗、白色",所用中文的字体为"黑体",所用英文、数字和符号的字体均为"Arial"。

② 设置对齐方式为"居中对齐"，段前、段后间距各为"0.5 行、单倍行距"。

③ 设置段落上、下边框为 1.5 磅粗黑实线，段落左右为无边框，段落底纹颜色为"钢蓝，着色 5"。

④ 设置标题段落格式为"自动另起一页"，即始终位于下页首行。

(5) 将文本"金山创始人求伯君……股份制商业银行"转换为 10 行 4 列的表格形式，并按以下要求进行美化，最终效果图如表 1 所示：

表1

金山创始人求伯君推出 WPS1.0	1988	金山的三十年也是中国软件史的三十年	98%
政府采购第一枪	2001		部委信创试点覆盖率
WPS Office 个人版宣布免费	2005		90%
WPS 进军日本市场开启国际化	2007		政府采购率
WPS 移动版发布	2011		57.5%
WPS 通过核高基重大专项验收	2012		世界五百强中的中国企业
WPS+一站式云办公发布	2015		85.4%
PC 与移动用户双过亿	2017		央企市场占有率
召开「云·AI 未来办公大会」	2018		91.7%
WPS Office for macOS 发布	2019		全国性股份制商业银行

① 将第 3 列中的所有单元格合并为一个单元格，合并后的单元格底纹设置为"钢蓝，着色 5"，文字格式设置为"白色、加粗、黑体"，并将文字方向按顺时针旋转 90°。

② 将第 4 列中的所有数字和百分号的字号设为"二号"，将百分号设置为上标，"字符位置下降 3 磅"。

③ 设置表格的对齐方式。将第 1、2 列的对齐方式设置为"中部右对齐"，将第 3 列的对齐方式设置为"分散对齐"，将第 4 列的对齐方式设置为"中部两端对齐"。

④ 将表格外侧的上、下框线设置为 1.5 磅粗黑实线，表格内部横框线设置为 0.75 磅粗的"钢蓝，着色 5"实线，表格中的所有竖框线均设为"无"。

⑤ 先根据内容调整表格的列宽，以确保单元格的内容适应窗口的大小，不换行显示。

⑥ 将表格与前面段落的距离设置为"1 行"，且二者之间不含空段落，适

当调整表格的高度，以确保表格显示在同一页面。

(6) 在"教学内容深度定制……"处对文档进行分节，使该文本后的内容成为文档的第 2 节。同时要求第 2 节从新的一页开始 (必要时删除空白页)，且该节的纸张方向为"横向"。

(7) 按下列要求对两节内容所在的页眉页脚进行独立编排：

① 第 1 节页面不设页眉横线，第 2 节页面用"上粗下细双横线"样式的预设页眉横线。

② 第 1 节页面不设页眉文字，第 2 节页面用奇偶页不同的页眉文字，其中奇数页为段落右对齐的"金山文档教育版"文本,偶数页为段落左对齐的"KDOCS FOR EDUCATION"文本。

③ 第 1 节页面不设页码，第 2 节页面用大写罗马数字 (Ⅰ，Ⅱ，Ⅲ...) 作为页码，且页码位置显示在"页脚外侧"，与页眉文字段落保持一致。

(8) 在"教学内容深度定制……"文本中，为 3 个"「」"符号中的关键词添加超链接：

① 关键词和对应的超链接地址如表 2 所示。

表2

关键字	超链接地址
金山文档教育版	https://edu.kdocs.cn/
稻壳儿	https://www.docer.com/
WPS 学院	https://www.wps.cn/learning/

② 在超链接的关键词后面插入脚注，并将页面中的 3 行红色字体分别添加到 3 个脚注中。

(9) 对"教学内容深度定制……"文本后的每张图片 (共 4 张) 进行设置，具体要求如下：

① 将图片的文字环绕方式由"嵌入型"修改为"四周型"。

② 将图片固定在页面上的指定位置，要求图片的水平向相对于页边距右对齐，垂直向相对于页边距下对齐，在不影响文字段落格式的前提下，允许适当修改图片大小，将文档控制在共 6 页的篇幅。

③ 为图片添加"右下斜偏移"的阴影效果。

(10) 为了便于打印和共享，请保存"WPS.docx"文档，并在源文件目录下将"WPS.docx"文档输出为带权限设置的 PDF 格式文件，权限设置为"禁止修改"和"禁止复制",权限密码设置为三位数字"123"(无需设置文件打开密码),其他选项保持默认即可。

练习3 WPS文字操作——软件公司文件

打开"练习3 WPS 文字操作 —— 软件公司文件"文件夹里的素材文档"WPS.docx"(.docx 为文件扩展名),后续操作均基于此文件。

某企业为了落实软件的正版化工作,将发函通知相关事宜,请按下列要求草拟一份公文。

(1) 按下列要求修改预设样式的格式。

① 设置正文的格式:设置中文字体为"仿宋",西文字体为"Times New Roman",字号为"三号",禁止标点溢出边界。

② 设置 1、2、3 级标题的格式:设置中文字体为"黑体、楷体、仿宋",西文字体为"Times New Roman",字号为"三号",字形为"常规",段前、段后的间距为"0",采用"单倍行距"。

③ 将文中各级标题链接到样式,并将文中各级标题的手动编号全部替换为关联样式的多级编号,以"一、(一)、1."分别标定层级。

(2) 按下列要求进行页面设置。

① 设置"纸张大小"为"A4","纸张方向"为"横向",页码的范围设置为"对称页边距"。

② 设置天头(上边距)为"37mm",订口(内侧)为"28mm",版心(即幅面尺寸减去页边距)的尺寸为"156mm × 225mm"。

③ 每页排 22 行,每行排 28 个字。

(3) 将版头"金鑫办公软件股份有限公司文件"的文字格式设置为"56 磅、楷体",字体颜色为"标准红色",段落的对齐方式为"分散对齐",段后间距为"0.5 行",字符缩放 50% 以使整段为一行。

(4) 按下列要求在首页的版头区域和页脚区域分别添加"5 磅粗、156mm 长、标准红色"的分隔线条,上分隔线为上粗下细复合类型,下分隔线为上细下粗复合类型。在水平方向上,将两条线条的位置调整到恰好撑满版心即可,在垂直方向上,两条线条分别距离页面顶端 7 厘米、距离页面底端 3.5 厘米。

(5) 将公文标题"金鑫办公……的通知"的字体格式设置为"二号、宋体",加粗,段前、段后的间距各为"1 行",段落的对齐方式为"居中对齐",字符间距加宽 1 磅，并在"公司"和"关于"两个文本之间使用软回车进行换行。

(6) 如表 3 所示，按下列要求设置版记。

表3

联系人：	张三	总裁室 2021年3月1日印发
电　话：	010-12345678	
传　真：	010-87654321	

① 将公文版记"联系人……3 月 1 日印发"文本转换为 3 行 3 列的表格，将第 3 列整体合并为一个大单元格，并根据内容调整表格使其适应窗口大小。

② 将单元格中的文本对齐方式设置为"垂直居中对齐"，将第 1 列文本的对齐方式设置为"分散对齐"，第 2 列的对齐方式设置为"左对齐"，第 3 列的对齐方式设置为"居中对齐"。

③ 上下边框线设为 1.5 磅粗的直线，内部横框线设为 0.5 磅细的直线，左右边框线和内部竖框线均为"无"。

(7) 按下列要求插入并引用题注。

① 将文末 4 张附件表的手动标记替换为自动编号的题注，标签为"附件"。

② 修改题注样式的格式，将文本的字体和字号设置为与正文样式一致，并使题注自动与下段 (附件表) 保持同页。

③ 在正文和版记之间插入表目录，不显示页码。

(8) 将文档分节，使附件置于单独一节，并对该节应用"横向"页面和预设的"窄"页边距。仅在第 1 节的页脚外侧应用形如"-1-"样式的预设页码，第 2 节不设页码。

(9) 将版头和正文中的方括号"【】"全部替换为六角括号"〔〕"。然后在文档中插入"保密"字样的预设水印。

(10) 最后，为了保证公文在打印时不跑版，请保存"WPS.docx"文档，并在素材文件夹下将其输出为带权限设置的 PDF 格式文件，权限设置为"禁止修改"和"禁止复制"，权限密码设置为三位数字"123"(无需设置文件打开密码)，其他选项保持默认即可。

练习4　WPS表格操作——绩效表格

打开"练习 4　WPS 表格操作—— 绩效表格"文件夹里的素材文档"ET.

xlsx"（.xlsx 为文件扩展名），后续操作均基于此文件。

人事部小张要收集相关的绩效评价并制作相应的统计表和统计图，请帮他完成相关工作。

(1) 在"员工绩效汇总"工作表中，按要求调整各列宽度：工号 (4)、姓名 (5)、性别 (3)、学历 (4)、部门 (8)、入职日期 (6)、工龄 (4)、绩效 (4)、评价 (16)、状态 (4)。(注："姓名 (5)" 表示姓名这列要设置成 5 个汉字的宽度，"部门 (8)" 表示部门这列要设置成 8 个汉字的宽度)

(2) 在"员工绩效汇总"工作表中，将"入职日期"中的日期格式统一调整为如"2020-10-01"的数字格式。(注意：年月日的分隔符号为短横线"-"，且"月"和"日"都显示为 2 位数字)

(3) 在"员工绩效汇总"工作表中，利用"条件格式"功能，将"姓名"列中包含重复值的单元格突出显示为"深红色文本"。

(4) 在"员工绩效汇总"工作表的"状态"列 (J2 : J201) 中插入下拉列表，要求下拉列表中包括"确认"和"待确认"两个选项，并且输入无效数据时会显示出错提醒，错误信息显示为"输入内容不规范，请通过下拉列表选择"字样。

(5) 在"员工绩效汇总"工作表的 G1 单元格上增加一个批注，批注内容为"工龄计算，满一年才加 1。例如：2018-11-22 入职，到 2020-10-01，工龄为 1 年。"

(6) 在"员工绩效汇总"工作表的"工龄"列的空白单元格 (G2 : G201) 中，输入公式，使用函数 DATEDIF 计算截至今日的"工龄"。(注意，每满一年工龄加 1，"今日"指每次打开本工作簿的动态时间。)

(7) 打开"练习 4 WPS 表格操作 ——绩效表格"文件夹中的素材文档"绩效后台数据 .txt"，完成下列任务。

① 将"绩效后台数据 .txt"中的全部内容进行复制，并粘贴到"Sheet3"工作表中 A1 的位置，将"工号""姓名""级别""本期绩效""本期绩效评价"列的内容依次拆分到 A 列至 E 列中，效果图如表 4 所示。(注意：拆分列的过程中，要求将"级别"列的数据类型指定为"文本"。)

表4

	A	B	C	D	E
1	工号	姓名	级别	本期绩效	本期绩效评价
2	A0436	胡PX	1-9	S	（评价85）
3	A1004	牛OJ	2-1	C	（评价186）
4	A0908	王JF	3-2	C	（评价174）
5	...	...	...	...	...

② 使用包含查找、引用类函数的公式，在"员工绩效汇总"工作表的"绩效"列 (H2：H201) 和"评价"列 (I2：I201) 中，按"工号"列引用"Sheet3"工作表中对应的"本期绩效""本期绩效评价"列的数据。

(8) 为方便在"员工绩效汇总"工作表中查看数据，请设置在滚动翻页时，标题行 (第 1 行) 始终显示。

(9) 为实现将所有列打印在一页纸上，节约打印纸张，请对"员工绩效汇总"工作表进行打印缩放设置，以确保纸张的打印方向保持为纵向。

(10) 在 B2 单元格中输入公式，以统计"员工绩效汇总"工作表中研发中心博士后的人数。然后，将 B2 单元格中的公式进行复制，并粘贴到 B2：G4 单元格区域中 (请注意单元格引用方式)，以统计出研发中心、生产部、质量部这 3 个主要部门中不同学历的人数。

(11) 在"统计"工作表中，根据"部门"的"合计"数据，按下列要求制作图表。

① 对 3 个部门的总人数做一个对比饼图，并将饼图插入到"统计"工作表中。

② 在饼图中，需要显示 3 个部门的图例。

③ 对应每个部门的扇形，需要以百分比的形式显示数据标签。

(12) 在"员工绩效汇总"工作表的数据列表区域设置自动筛选，并把"姓名"中姓"陈"和姓"张"的名字同时筛选出来。最后，请保存文档。

练习 5　WPS表格操作——销售表格

打开"练习 5　WPS 表格操作—— 销售表格"的素材文档"ET.xlsx"，后续操作均基于此文件。

小王在公司销售部门负责销售数据的汇总和管理工作，为了保证销售数据的准确性，每个月底，小王会对销售表格进行定期的检查和完善。

(1) 在"销售记录"工作表中，"商品名称""品类""品牌""单价""购买金额"这 5 列已经设置好公式，请在 D1:G1 单元格区域中的文本后增加"(自动计算)"字样，新增的内容需要换行显示，字号设置为"9 号"。

(2) 在"销售记录"工作表中，红色字体所在的行存在公式计算结果错误的问题，该公式主要引用"基础信息表"中的"产品信息表"区域，请检查公式引用区域的数据，找到错误的原因并修改错误，再把红色字体全部改回"黑色、文本 1"。

(3) 在"销售记录"工作表中，使用条件格式对"购买金额"列进行标注：金额大于等于 20000 元的单元格，单元格的底纹显示浅蓝色 (颜色面板：第 2 行第 5 个)；金额小于 10000 元的单元格，单元格的底纹显示浅橙色 (颜色面板：第 2 行第 8 个)。

(4) 在"销售记录"工作表中，请按如下要求对"折扣优惠"列的内容进行规范填写：

① 在该列插入下拉列表，下拉列表需要引用"折扣优惠"列 (H3：H6) 的内容。

②"折扣优惠"列 (J2：J20) 中与下拉列表内容不一致的单元格，需重新修改为规范描述。

(5) 在"折后金额"列 (K2：K20) 中使用 IFS 函数，按表 5 所示的规则计算折后金额：

表5

折扣优惠	折后金额
折扣优惠=无优惠	折后金额=购买金额×100%
折扣优惠=普通	折后金额=购买金额×95%
折扣优惠=VIP	折后金额=购买金额×85%
折扣优惠=S VIP	折后金额=购买金额×80%

(6) 在"销售记录"工作表中，为方便查看销售表数据，请将表格设置为：当上下翻页查看数据时，标题行始终显示；当左右滚动查看数据时，"日期"和"客户名称"列始终显示。

(7) 将"销售记录"工作表设置成：选择某个单元格时，系统自动将该单元格所在行列标记与其他行列不同颜色。

(8) 对"销售记录"工作表进行打印页面设置：

① 设置"销售记录"工作表"横向"打印在 A4 纸上。

② 在打印时，每页都打印标题行。

(9) 选中"销售记录"工作表的数据，创建数据透视表：

① 生成的数据透视表放置在"统计表"工作表中，用于统计不同品牌产品的购买数量、购买金额。

② 透视表的左侧标题为"品类"，第一行标题为"品牌"，每个品牌下方的二级标题分别显示"数量"和"金额"，透视表的效果图如表 6 所示。

表6

品类	H品牌		M品牌		T品牌		数量汇总	金额汇总
	数量	金额	数量	金额	数量	金额		
手机	###	###	###	###	###	###	###	###
电视	###	###	###	###	###	###	###	###
洗衣机	###	###	###	###	###	###	###	###
总计	###	###	###	###	###	###	###	###

注意："品牌"所在单元格需要"合并且居中排列"。

③ 将透视表中的所有"金额"列设置成"货币格式"(示例效果：¥1，234.56)。

④ 将透视表中的"品类"列设置为按"金额汇总"降序排列。

(10) 在"基础信息表"工作表中，对产品信息按如下要求进行调整：

① 使用查找、替换功能，清除"商品名称"列(B3:B17)中关于"内销""出口"的内容。

②"基础信息表"工作表主要由指定人员维护，不允许全部人员编辑，请将"基础信息表"设置成默认禁止编辑。

(11) 请按下列要求对"目录"工作表进行设置：

① 在B3:B5 单元格区域分别设置超链接，点击单元格自动跳转至对应"工作表"。完成设置后，3 个单元格需要恢复默认效果(字体为"微软雅黑"，字号为"10 号"，字体颜色为"黑色，文本 1")。

② 选中 A2：C5 单元格区域，插入表格，并将表格的样式修改为"表样式中等深浅 1"，以美化"目录"工作表。

练习6　WPS表格操作——模拟考试表格

打开"练习 6 WPS 表格操作 —— 模拟考试表格"文件中的素材文档"ET.xlsx"，后续操作均基于此文件。

某校高一年级组织了一次模拟考试，请利用电子表格对学生的成绩进行科学的管理和分析。

(1) 首先将"原始成绩"工作表中的文本全部转换为数值，然后保存"原始成绩"工作表(不设密码)，并将数据复制到对应的"成绩统计"工作表中再行处理。

(2) 在"成绩统计"工作表的第 M 行第 R 列的区域中，应用公式或函数分别计算学生的总成绩 (全部学科)、文综成绩 (政史地)、理综成绩 (理化生)，及学生在全年级中的排名，若有重复成绩均取最佳排名 (重复成绩排名相同且影响后续成绩的排名)。

(3) 基于成绩统计数据，在 L1 单元格处开始构造高级筛选条件，按指定字段标题筛选出"总分排名前 20 且文综或理综也排名前 20"的学生名单。

(4) 基于成绩统计数据，在"成绩分析"工作表中，应用公式或函数分别按学科统计最高分、最低分、平均分、众数、及格和不及格人数 (语数英达 90 分及格其他学科达 60 分及格)。

(5) 基于成绩统计数据，在 A10 单元格中插入数据透视表，行区域为"班级"字段，列区域为"总分成绩"字段，并对列区域的数据以"起始于最低分、终止于最高分、步长为100"的规则进行项目分组，在值区域按"姓名"字段进行计数。

(6) 基于上面的数据透视表，在"成绩分析"工作表中进一步生成簇状柱形的数据透视图，并添加数据标签和图表标题，标题文本为"高一年级统考成绩分布"。

(7) 在 A2 单元格中插入下拉列表，其下拉选项包含全部学生姓名，并按下列要求应用公式和函数以返回与姓名相对应的信息。

① 按 A2 单元格中的姓名进行查询，在 B2 : O2 和 M4 : O4 单元格区域中分别返回相应的学号和成绩等。

② 按 R1 : S6 和 U1 : V6 单元格区域中的等级评价标准，在 D4 : L4 单元格区域中分别返回与各科分数相应的评级。

③ 在 A4 单元格中返回分科建议，具体建议根据 (语文 + 文综) 与 (数学 + 理综) 的成绩之差来判定：分值 >20 则建议"文科"，分值 <20 则建议"理科"，否则建议"均衡"。

(8) 将"成绩统计"工作表的数据复制到"汇总打印"工作表中，并按下列要求进行美化。

① 应用"表样式浅色 9"的预设表格样式，并且仅套用表格样式而不转换成表格。

② 将"班级"列移动到首列位置，再根据单元格的内容将调整各列的列宽。

③ 锁定标题行，使其在滚动浏览其他数据行时始终保持可见。

(9) 在"汇总打印"工作表中，应用条件格式以增强数据的可读性。

① 分别将各个学科的前 10 名自动标记为"浅红色填充色深红色文本"。

② 分别将总分、文综和理综成绩按"四等级"图标集进行标示。

(10) 在"汇总打印"工作表中，按下列要求组织数据列表结构，以便于阅读和打印。

① 按多条件排序，先按班级从一到三排列，在此基础上再按总分成绩从高到低排列。

② 应用分类汇总，按班级字段对总分、文综和理综成绩分别汇总平均值，将汇总结果 (小计和合计) 的数字格式更改为仅保留两位小数。

③ 进行打印前的页面设置，纸张方向设为横向，数据区域在纸张上水平且垂直居中，并适当调整分页符位置以实现每组数据单独打印在一页上 (即三个班级分别打印在三张纸上)。

练习7　WPS演示操作——"文明用餐 制止浪费"宣讲会

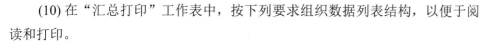

打开"练习 7 WPS 演示操作——'文明用餐　制止浪费'宣讲会"文件夹中的素材文档"WPP.pptx"，后续操作均基于此文件。

为了倡导文明用餐，制止餐饮浪费行为，形成文明、科学、理性、健康的饮食消费理念，某校宣传部决定开展一次全校师生的宣讲会，汪小苗负责制作此次宣传会的演示文稿，请帮助她完成这项任务。

(1) 通过编辑母版功能，对演示文稿进行整体性设计 :

① 将素材文件下的"背景 .png"图片统一设置为所有幻灯片的背景。

② 将素材文件夹下的图片"光盘行动 logo.png"批量添加到所有幻灯片页面的右上角，然后单独调整"标题幻灯片"版式的背景格式使其"隐藏背景图形"。

③ 将所有幻灯片中的标题字体统一修改为"黑体"。将所有应用了"仅标题"版式的幻灯片 (第 2、4、6、8、10 页) 的标题字体颜色修改为自定义颜色，RGB 值为"(248、192、165)"。

(2) 将过渡页幻灯片 (第 3、5、7、9 页) 的版式布局更改为"节标题"版式。

(3) 按下列要求，对标题幻灯片 (第 1 页) 进行排版美化 :

① 美化幻灯片标题文本，为主标题应用艺术字的预设样式"渐变填充 - 金色，轮廓 - 着色 4"，为副标题应用艺术字的预设样式"填充 - 白色，轮廓 - 着色 5，阴影"。

② 为幻灯片标题设置动画效果，主标题以"劈裂"方式进入、方向为"中央向左右展开"，副标题以"切入"方式进入、方向为"自底部"，并设置动画开始方式为鼠标单击时主、副标题同时进入。

(4) 按下列要求，为演示文稿设置目录导航的交互动作：

① 为目录幻灯片 (第 2 页) 中的 4 张图片分别设置超链接动作，使其在幻灯片放映状态下，通过鼠标单击操作，即可跳转到相对应的节标题幻灯片 (第 3、5、7、9 页)。

② 通过编辑母版，为所有幻灯片统一设置返回目录的超链接动作，要求在幻灯片放映状态下，通过鼠标单击各页幻灯片右上角的图片，即可跳转回到目录幻灯片。

(5) 按下列要求，对第 4 页幻灯片进行排版美化：

① 将素材文件夹下的 "锄地 .png" 图片插入到本页幻灯片右下角位置。

② 为两段内容文本设置段落格式，段落间距为段后 10 磅、1.5 倍行距，并应用 "小圆点" 样式的预设项目符号。

(6) 按下列要求，对第 6 页幻灯片进行排版美化：

① 将 "近期各国收紧粮食出口的消息" 文本框设置为 "五边形" 箭头的预设形状。

② 将 3 段内容文本分别置于 3 个竖向文本框中，并沿水平方向上依次并排展示，相邻文本框之间以 10 厘米高、1 磅粗的白色 "直线" 形状相分隔，并适当进行排版对齐。

(7) 将第 8 张幻灯片中的三段文本转为智能图形中的 "梯形列表" 来展示，梯形列表的方向修改为 "从右往左"，颜色更改为预设的 "彩色 - 第 4 个色值"，并将整体高度设置为 "8 厘米"，宽度设置为 "25 厘米"。

(8) 按下列要求，对第 10 页幻灯片进行排版美化：

① 将文本框的 "文字边距" 设置为 "宽边距" (上、下、左、右边距各 0.38 厘米)，并将文本框的背景填充颜色设置为 "透明度 40%"。

② 为图片应用 "柔化边缘 25 磅" 效果，将图层置于文本框下方，使其不遮挡文本。

(9) 为第 4、6、8、10 页幻灯片设置 "平滑" 切换方式，实现 "居安思危" 等标题文本从上一页平滑过渡到本页的效果，切换速度设置为 "3 秒"。除此以外的其他幻灯片，均设置为 "随机" 切换方式，切换速度设置为 "1.5 秒"。

练习8　WPS演示操作——世界海洋日

打开 "练习 8　WPS 演示操作 —— 世界海洋日" 的素材文档 "WPP.pptx"

（.pptx 为文件扩展名），后续操作均基于此文件。

请制作一份宣传世界海洋日的演示文稿，该演示文稿共有 11 页，制作过程中请不要新增、删减幻灯片，或更改幻灯片的顺序。

(1) 请按照如下要求，对演示文稿的幻灯片母版进行设计：

① 将幻灯片母版的名称从"Office 主题"重命名为"世界海洋日"。

② 使用素材文件夹下的"标题页 jpg"图片作为"标题幻灯片"版式的背景图片；使用"章节页 jpg"作为"节标题"版式的背景图片。

③ 按以下要求设置"标题幻灯片"版式的标题和副标题、"节标题"版式的标题和文本的文本格式：设置中文字体为"华文中宋"，西文字体为"Calibri"，文字颜色为主题色"白色，背景 1"，文本效果为"发光""矢车菊蓝，5pt 发光，着色 2"。

(2) 除了标题幻灯片，其他幻灯片的固定日期"2021 年 6 月 8 日"设置在左下角显示，幻灯片编号在右下角显示。

(3) 将第 3 页幻灯片、第 6 页幻灯片和第 8 页的幻灯片版式改为"节标题"。

(4) 在第 5 页幻灯片中同时选中左侧图片和右侧文字内容，添加"进入 - 温和型"中的"渐入"动画，放映时图片最先出现，文本在图片动画完成后延迟 1 秒自动出现。

(5) 在幻灯片 7 中插入一个 2 列 13 行的表格，用以显示占位符中的内容，表格的标题分别为"年份"和"主题"，原本显示文本内容的占位符需彻底删除；将单元格中所有内容的对齐方式设置为"居中对齐"，且不换行显示；将表格样式修改为"浅色样式 3 强调 2"，标题行的填充颜色修改为主题色"矢车菊蓝，着色 2，浅色 40%"。

(6) 在第 10 页幻灯片中插入一个嵌入视频"海底世界 .mp 4"，设置放映时全屏播放，并将"视频 .jpg"作为视频的预览图片。

(7) 新建 3 个自定义放映方案，第 3 至第 5 页幻灯片为"Part1 设立起源"方案，第 6 至第 7 页幻灯片为"Part2 历年主题"方案，第 6 至第 9 页幻灯片为"Part3 环保知识"方案。

(8) 将第 2 页幻灯片作为目录页，目录内容与链接位置见表 7。请按照以下操作完成超链接的设置：

① 选中目录中的内容，分别按以下要求设置超链接。

② 为目录的三个选项修改超链接的颜色：将"超链接颜色"修改为主题色"白色，背景 1"，将"已访问超链接颜色"修改为主题色"暗石板灰，文本 2，浅色 90%"并勾选"链接无下划线"。

表7

目录内容	链接位置
Part1 世界主题日的设立起源	1. 本文档中的位置：自定义放映 "Part1设立起源" 2. 勾选 "显示并返回" 播放完返回目录页
Part2 世界主题日的历年主题	1. 本文档中的位置：自定义放映 "Part 2历年主题" 2. 勾选 "显示并返回" 播放完返回目录页
Part3 世界主题日的环保知识	幻灯片8

(9) 为第 3 至第 11 页的幻灯片应用切换效果，幻灯片切换效果为 "形状"，效果选项为 "圆形"，速度设置为 "1 s"，每一页的自动换片时间为 "10 s"。

练习9　WPS演示操作——"中纹"之美

打开 "练习 9 WPS 演示操作——'中纹'之美" 文件夹中的素材文档 "WPP. pptx"（.pptx 为文件扩展名），后续操作均基于此文件。

小雷同学准备参加 "WPS 发现'中纹'之美" 设计大赛，请帮其设计一份主题演示文稿。

(1) 为使演示文稿的设计风格统一，请按下列要求编辑幻灯片母版：在母版右上角插入考生文件夹下的 "背景图 .png"，并编辑母版标题样式使字符间距加宽 5 磅。

(2) 请按下列要求在幻灯片母版中编辑标题幻灯片版式。

① 将背景颜色设置为向下的从 "黑色，文本 1" 到 "黑色，文本 1，浅色 15%" 的线性渐变填充，并隐藏母版背景图形。

② 主标题和副标题全部应用 "渐变填充 - 番茄红" 预设艺术字样式，并且添加相同动画效果，要求的效果为在单击时主标题和副标题依次开始非常快地展开进入，动画文本按字母 20% 延迟发送。

(3) 请按下列要求在幻灯片母版中编辑节标题版式。

① 标题和文本占位符中的文字方向全部改为竖排，占位符的尺寸均设为高度 15 cm，宽度 3 cm，并将占位符移动至幻灯片右侧区域保证版面美观。

② 标题和文本添加相同的动画效果，在单击时标题和文本依次开始快速自

顶部擦除进入。

(4) 为各张幻灯片分别选择合适的版式：幻灯片 3、5、9 应用节标题版式，幻灯片 2、10、11、12、13 应用空白版式，幻灯片 4、6、7、8 应用仅标题版式。

(5) 请按下列要求设计交互动作方案：在幻灯片 2(目录) 中设置导航动作，使鼠标单击各条目录时可以导航到对应的节标题幻灯片；在节标题版式中统一设置返回动作，使鼠标单击左下角的图片时可以返回目录。

(6) 请在幻灯片 4 中，插入样式为梯形列表的智能图形，以美化多段文字 (请保持内容间的上下级关系)，智能图形采用彩色第 4 种预设颜色方案，并且整体尺寸为高度 10cm，宽度 30cm。

(7) 请按下列要求设计内容页动画效果方案。

① 幻灯片 6：在单击幻灯片时，右下角的四方连续图形开始非常快地、忽明忽暗地强调，并且重复 3 次；衬底的边线纹路图片与上一动画同时并延迟 0.5 秒开始，快速渐变式缩放进入。

② 幻灯片 7：在单击幻灯片时，右下角的十二章纹图案 (从上到下共 4 张图片) 开始快速地飞入，飞入方向依次为自左上部、自右上部、自左下部、自右下部，并且全部平稳地开始、平稳地结束。

③ 幻灯片 8：在单击幻灯片时，衬底的渐变色背景形状快速地自右侧向左擦除进入；右下角的四合如意云龙纹图片与上一个动画同时开始，快速放大 150% 并在放大后自动还原大小 (自动翻转)。

(8) 请按下列要求设计幻灯片切换效果方案：幻灯片 1、14 应用溶解切换的动画效果，幻灯片 11、13 应用平滑切换的动画效果，其余幻灯片应用向上推出切换的动画效果，并且所有幻灯片都是每隔 5 秒自动换片放映。

参 考 文 献

[1] 教育部考试中心金山办公软件. 全国计算机等级考试二级教程：WPS Office
高级应用与设计[M]. 北京：高等教育出版社，2021.141-475.

[2] 於文刚，刘万辉. Office 2010办公软件高级应用实例教程[M]. 北京：机械工
业出版社，2015.